矿山环境恢复治理工程监理方资料编制与填写范例

河北省地质矿产勘查开发局第二地质大队
（河北省矿山环境修复治理技术中心）　编

燕山大学出版社

·秦皇岛·

图书在版编目（CIP）数据

矿山环境恢复治理工程监理方资料编制与填写范例 / 河北省地质矿产勘查开发局第二地质大队（河北省矿山环境修复治理技术中心）编. -- 秦皇岛 ：燕山大学出版社， 2025. 4. -- ISBN 978-7-5761-0813-2

Ⅰ. X322.222

中国国家版本馆 CIP 数据核字第 2025MP4844 号

矿山环境恢复治理工程监理方资料编制与填写范例
KUANGSHAN HUANJING HUIFU ZHILI GONGCHENG JIANLI FANG ZILIAO
BIANZHI YU TIANXIE FANLI
河北省地质矿产勘查开发局第二地质大队（河北省矿山环境修复治理技术中心） 编

出 版 人：陈　玉

责任编辑：王　宁　　　　　　　　策划编辑：刘韦希

责任印制：吴　波　　　　　　　　封面设计：刘韦希

出版发行：燕山大学出版社　　　　电　　话：0335-8387555

地　　址：河北省秦皇岛市河北大街西段 438 号　　邮政编码：066004

印　　刷：涿州市般润文化传播有限公司　　　　经　　销：全国新华书店

开　　本：889 mm×1194 mm　　1/16　　　印　　张：8.75

版　　次：2025 年 4 月第 1 版　　　　印　　次：2025 年 4 月第 1 次印刷

书　　号：ISBN 978-7-5761-0813-2　　字　　数：145 千字

定　　价：45.00 元

编 委 会

主编：张　鸽　王启星　孙学亮　马浩文　李万增

参编：于　帅　夏慧洁　王杏苹　周　颖　杜洪章

　　　孙瑜皎　徐　婧　李　胜　刘大欣　雷　明

前　言

随着矿产资源的不断开发和利用，矿山环境恢复治理工作显得尤为重要。为了有效保护和恢复矿山环境，确保矿山资源的可持续利用，我们编写了《矿山环境恢复治理工程监理方资料编制与填写范例》。

本书旨在规范矿山环境恢复治理工程监理工作的资料编制和填写流程，提高监理工作的效率和质量。在编写过程中，我们充分参考了国家相关法律法规、政策文件以及行业标准，并结合了矿山环境恢复治理工程监理工作的实际情况，力求使本书具有科学性、实用性和可操作性。

本书的内容涵盖了矿山环境恢复治理工程监理工作的各个方面，包括监理方案的编制、监理日志的填写、监理报告的撰写等。通过详细的示例和说明，我们希望能够为监理人员提供一份全面、系统的参考资料，帮助他们更好地完成监理工作。

在编写过程中，我们得到了众多专家、学者和一线监理人员的支持和帮助，他们的宝贵意见和建议对本书的完善和提高起到了重要作用。同时，我们也参考了大量国内外相关文献和资料，以确保本书的内容丰富、准确、可靠。

需要指出的是，矿山环境恢复治理工程监理工作是一项复杂而艰巨的任务，需要监理人员具备扎实的专业知识、丰富的实践经验和高度的工作责任心。因此，在使用本书时，监理人员应结合自身实际情况，灵活运用其中的方法和技巧，不断提高自身的业务水平和综合素质。

最后，我们衷心希望本书能够为矿山环境恢复治理工程监理工作提供有益的参考和帮助，为推动矿山环境的可持续发展贡献一份力量。同时，我们也期待广大监理人员提出宝贵的意见和建议，以便我们不断完善和提高本书的质量和水平。

目　录

第 1 章　概　述

1.1　适用范围

本书适用于矿山环境恢复治理工程的勘查监理、工程设计监理、工程施工监理、工程合同商务管理、工程信息管理等。

1.2　参考规范

矿山环境恢复治理工程监理实施过程中，首先应参照《建设工程监理规范》（GB/T 50319—2013）。其中与实际不符合的情况下可参考《地质灾害防治工程监理规范》（DZ/T 0222—2006）。

《建设工程监理规范》（GB/T 50319—2013）主要针对建设项目的实施阶段，而《地质灾害防治工程监理规范》（DZ/T 0222—2006）则覆盖了地质灾害防治工程的勘查、设计和施工全过程，矿山环境恢复治理工程监理在勘查、设计、施工阶段皆可以参考其中内容。

1.3　矿山环境恢复治理工程特征

矿山环境恢复治理工程与一般的建筑行业不同，主要是由矿山开采的特性决定的。露天矿山生产过程中产生的边坡、平台主要是爆破凿岩形成的，这就导致其标高、尺寸、坡度等在满足相应规范要求的前提下不可能达到尺寸完全统一，某一段平台可能在局部起伏不平、宽窄不一。

矿山环境恢复治理工程一般包含地质灾害治理和环境治理两部分，具有地质类项目和环境类项目的特点。矿山环境恢复治理工程勘查除一般的地形测量外，更趋于地质灾害勘查类内容，重点是对矿山存在的崩塌、滑坡、泥石流等灾害进行勘查，另外还包括矿山及周边的环境调查（生态环境、地质环境等）。

根据矿山开采的特点，矿山环境恢复治理工程设计的精度要求低于建筑行业。由于矿山开采形成的边坡、平台外形不规整，形状不利于计算，导致如削方、覆土等大规模土石方工程的设计存在一定的误差。同时，由于矿山现场情况多变，施工期间也会存在较大的不确定性，部分施工需根据现场情况进行小范围的调整方能够顺利实施。

矿山环境恢复治理工程监理与一般建设工程监理在专业知识方面的要求不同，其更趋向于地质行业的要求，主要需掌握土石方工程、绿化工程、钢筋混凝土工程相关内容，对于钢结构、建筑给排水、供电供暖等房屋工程内容则不作过多要求。

1.4 监理内容

1. 监理机构

监管机构以建设方组派形式为主，分为派出和委托监理两种方式，实施过程中需在项目工程指挥部内设立监理部，根据治理工程量的多少和工程复杂程度选择是否设立工程监理分部。分部按单位工程设置驻地监理组，实行总监理工程师负责制。监理分部由指挥部派出，驻地监理由社会选聘。

2. 监理依据

（1）国务院、自然资源部对工程的批复文件；

（2）防治工程施工合同书；

（3）工程设计报告（含施工图）、现场交底会议纪要；

（4）施工规范和行业技术标准；

（5）指挥部有关文件；

（6）监测和勘查新成果。

3. 监理阶段

根据矿山环境恢复治理工程特点，遵循事前主动控制的原则，采用全程目标管理方法，使施工过程的每一阶段、每一工序都在严密和科学的监控之下。

监理工作分为以下三个阶段：

第一，施工准备阶段，包括监理规划、工作细则、设计交底、施工设计等；

第二，现场施工阶段，包括对施工活动和工程资料的监控和协调；

第三，工程竣工阶段及运行维护阶段，包括初步验收、竣工验收、监理总结、监测和维护等。

4. 工作内容

工作内容总结为三大控制五大管理，具体包括以下内容：

（1）质量控制：人力、设备、材料、工艺等；

（2）进度控制：合理布置施工顺序、及时调整施工方法、统筹安排交叉作业；

（3）投资控制：合理预算、严控造价、严审上报工程量、据实调整工程量；

（4）合同管理：依法履行工程合同；

（5）监测管理：过程监管、效果评价；

（6）安全管理：培训、监测、建立制度；

（7）档案资料管理：资料档案（纸质、电子信息）；

（8）工程运行管理：组织、协调与服务。

第2章　管理资料

2.1　监理管理资料内容概述

监理管理资料是建筑工程监理工作中产生的各种重要文件和记录，它们对于保证工程质量、控制工程进度和投资、协调各方关系等都具有重要作用。

1. 监理合同

监理合同包括施工监理招投标文件、建设工程委托监理合同等，是监理工作的法律基础。

2. 监理变更资料

（1）设计变更资料

设计变更资料包括设计变更申请、审批资料以及设计变更后的图纸等。

（2）工程量变更资料

工程量变更资料主要记录工程量变更的情况，包括变更原因、变更内容、变更后的工程量等。

（3）合同变更资料

合同变更资料主要记录合同变更的情况，包括变更原因、变更内容、变更后的合同条款等。

3. 监理过程控制资料

（1）总监理工程师任命书

总监理工程师任命书是一种正式文件,用于任命某人为工程项目的总监理工程师。

（2）工程开工令

工程开工令即总监理工程师下发的允许施工单位开始施工的书面文件。

（3）监理会议纪要

监理会议纪要包括监理例会、专题会议、协调会议等的会议记录，记录会议议题、讨论结果和决策等。

（4）监理日志

监理日志是监理工程师实施监理活动的原始记录，相关人员应真实、准确、全面地记录与工程进度、质量、安全相关的问题，用词要准确、严谨、规范。

（5）工作联系单

工作联系单是用于与建设单位、施工单位等各方进行沟通和联系的文件。

（6）监理工程师通知单

监理工程师通知单是监理过程中发出的各种通知单，如整改通知单、工程暂停令等，用于指出施工中存在的问题并要求施工单位进行整改。

（7）工程返工令

工程返工令即监理单位要求施工单位对不符合质量要求的工程部分进行重新施工或修正的指令。

（8）工程暂停令

工程暂停令即监理单位在工程项目实施过程中，针对出现的必须暂停施工的紧急事件，向施工单位发出的暂时停止施工的指令。

（9）工程复工令

工程复工令即监理单位在工程项目因故暂停施工后，经检查确认施工单位已按照要求完成整改或具备复工条件时，向施工单位发出的允许恢复施工的指令。

（10）工程临时/最终延期审批表

工程临时/最终延期审批表即在工程项目中，当施工单位因某种原因需要延长工期时，向监理单位提交申请并由监理单位进行审核和批准的表格。

2.2 总监理工程师任命书

总监理工程师任命书

工程名称：_____   编号：_____

致：_____（建设单位） 　　兹任命_____（注册监理工程师注册号：_____） 为我单位_____项目总监理工程师，负责履行建设工程监理合同、 主持项目监理机构工作。   　　　　　　　　　　　　监理单位（公章）：_____ 　　　　　　　　　　　　法定代表人（签字）：_____ 　　　　　　　　　　　　　　　　日期：_____年_____月_____日

注：本表一式三份，项目监理单位一份，施工单位一份，建设单位一份。

"总监理工程师任命书"填表说明

1.工程名称：填写本次工程的名称。

2.编号：填写本次工程的资料编号，该编号通常是根据相关规定进行编制的。

3.建设单位：填写该工程施工合同的委托方的名称，应填写全称。

4.注册监理工程师注册号：填写该工程总监理工程师的注册监理工程师注册号，确保该总监理工程师具备相应的执业资格。

5.项目名称：填写本项目的名称。

6.监理单位（公章）：监理单位在此处盖章，表示其同意本项目总监理工程师的任命。

7.法定代表人（签字）：监理单位的法定代表人在此处签字，表示其同意本次项目总监理工程师的任命，签字要签写完整，不可写简称。

8.日期：填写签字日期，包括年、月、日。

9.注：本部分说明了表格的份数及使用范围。表格一式三份，其中项目监理单位、施工单位和建设单位各一份。

2.3 工程开工令

工程开工令

工程名称：_____　　　　编号：_____

致：_____（施工单位） 　　经审查，本工程已具备施工合同约定的开工条件，现同意你方开始施工，开工日期为_____年_____月_____日。 　　附件：工程开工报审表   　　　　　　　　　　　　监理单位（公章）：_____ 　　　　　　　　　　总监理工程师（签字）：_____ 　　　　　　　　　　　　　　　日期：_____年_____月_____日

注：本表一式三份，项目监理单位一份，施工单位一份，建设单位一份。

"工程开工令"填表说明

1. 工程名称：填写本次工程的名称。

2. 编号：填写本次工程的资料编号，该编号通常是根据相关规定编制的。

3. 施工单位：填写获得该工程施工合同的承包商的名称。

4. 开工日期：填写本次工程的开工日期，包括年、月、日。

5. 监理单位（公章）：监理单位在此处盖章，表示其同意本次工程开工。

6. 总监理工程师（签字）：总监理工程师在此处签字，表示其同意本次工程开工，签字要签写完整，不可写简称。

7. 日期：填写签字日期，包括年、月、日。

8. 注：本部分说明了表格的份数及使用范围。表格一式三份，其中项目监理单位、施工单位和建设单位各一份。

2.4 监理会议纪要

监理会议纪要

工程名称：_____   编号：_____

会议主题				
会议时间		会议地点		
组织方		主持人		记录人
参会方	单位名称	参加人员（签字）		
会议内容				
签发机构		签发日期		
签收机构		签收日期		

注：本表所有参会单位各一份。

"监理会议纪要"填表说明

1. 工程名称：填写本次工程的名称。

2. 编号：填写本次工程的资料编号，该编号通常是根据相关规定编制的。

3. 会议主题：填写本次会议的主题。

4. 会议时间：填写本次会议的开会时间，包括年、月、日。

5. 会议地点：填写本次会议的开会地点。

6. 组织方：填写监理单位。

7. 主持人：填写监理单位主持本次会议的人员名字，名字要写完整，不可写简称。

8. 记录人：填写监理单位记录本次会议的人员名字，名字要写完整，不可写简称。

9. 参会方：填写参会方，如建设单位、设计单位、施工单位、监理单位等。如参加人员较多，可另附签到表。

10. 会议内容：填写本次会议的开会内容，如会议内容较多，可另附会议内容表。

11. 签发机构：填写监理单位。

12. 签发日期：填写本次监理会议纪要签发的具体日期，包括年、月、日。

13. 签收机构：填写需要签收的各参会单位。

14. 签收日期：填写本次监理会议纪要各参会单位签收的具体日期，包括年、月、日。

15. 注：本表所有参会单位各一份。由组织单位整理，如有不同意见，请在接收文件后 48 小时内提出，否则即表示认可纪要内容，按纪要内容执行。

2.5 监理日志

监理日志

工程名称：_____　　　　　　　编号：_____

监理日期			星期	
当日风力	当日气温	天气状况		记录人
监理人员				
施工情况：				
监理工作情况：				
文件、会议及其他：				

注：本表一式三份，项目监理单位一份，施工单位一份，建设单位一份。

"监理日志"填表说明

1. 监理日志必须以单位工程为记载对象，从工程开工之日起至工程竣工验收截止，主要由监理员负责逐日记录，不得缺页，保证内容真实、连续和完整。

2. 监理日志需采用手工填制，须保证字迹清楚、内容齐全、保管完整，不得随意涂改和撕毁。

3. 工程名称：填写本次工程的名称。

4. 编号：填写本次工程的资料编号，该编号通常是根据相关规定编制的。

5. 监理日志的基本内容包括监理日期、星期、当日风力、当日气温、天气状况，此基本内容应根据工程实际情况填写。

6. 记录人：填写监理单位记录本监理日志的人员的名字，名字要写完整，不可写简称。

7. 监理人员：填写监理单位实际监理此日的人员的名字，名字要写完整，不可写简称。

8. 施工情况：描述当日施工内容及实际完成情况，包括施工部位、施工措施、工程量、进场材料、机械、人员、停工情况等。

9. 监理工作情况：描述当日监理工作内容的情况，包括施工存在的问题及处理情况、各项检查意见及决定等。

10. 文件、会议及其他：描述下发的文件情况、召开会议情况及其他情况，如召开监理例会、领导检查等。

11. 注：本部分说明了表格的份数及使用范围。表格一式三份，其中项目监理单位、施工单位和建设单位各一份。

2.6 工作联系单

工作联系单

工程名称：_____　　　　　编号：_____

致：_____（单位）

事由：

内容：

　　　　　　　　　　　　　监理单位（公章）：_____

　　　　　　　　　　　　　总监理工程师（签字）：_____

　　　　　　　　　　　　　　　　　日期：_____年_____月_____日

注：本表一式两份，项目监理单位一份，接收单位一份。

"工作联系单"填表说明

1. 工程名称：填写本次工程的名称。

2. 编号：填写本次工程的资料编号，该编号通常是根据相关规定编制的。

3. 单位：填写工作联系单的接收单位名称。

4. 事由：清晰简要地描述发工作联系单的原因。常见的事由包括工期问题、材料变更问题、工程变更问题等。

5. 内容：详细解释提出事由的理由，以及将如何影响工程。例如，如果是因为工期延误，应说明延误的原因和预期的影响。

6. 监理单位（公章）：监理单位在此处盖章。

7. 总监理工程师（签字）：总监理工程师在此处签字，签字要签写完整，不可写简称。

8. 日期：填写签字日期，包括年、月、日。

9. 接收单位整改完毕，填写反馈意见单转给监理单位。

10. 监理单位根据反馈意见单做出结论后，和此表合并放置留存。

11. 注：本部分说明了表格的份数及使用范围。表格一式两份，其中项目监理单位和接收单位各一份。

2.7 监理工程师通知单

监理工程师通知单

工程名称：_____   编号：_____

致：_____（单位）

事由：

内容：

监理单位（公章）：_____

总监理工程师（签字）：_____

日期：_____年_____月_____日

注：本表一式三份，项目监理单位一份，施工单位一份，建设单位一份。

"监理工程师通知单"填表说明

1. 工程名称：填写本次工程的名称。

2. 编号：填写本次工程的资料编号，该编号通常是根据相关规定编制的。

3. 单位：填写工作联系单的接收单位名称。

4. 事由：清晰简要描述发通知单的原因。

5. 内容：详细描述通知单的具体内容。

6. 监理单位（公章）：监理单位在此处盖章。

7. 总监理工程师（签字）：总监理工程师在此处签字，签字要签写完整，不可写简称。

8. 日期：填写签字日期，包括年、月、日。

9. 施工单位收到监理通知单后，必须及时按通知内容和要求整改，并将处理结果或处理措施填写"监理工程师通知回复单"并反馈给监理单位。

10. 监理单位根据回复单做出结论后，和此表合并放置留存。

11. 注：本部分说明了表格的份数及使用范围。表格一式三份，其中项目监理单位、施工单位和建设单位各一份。

2.8 工程返工令

工程返工令

工程名称：＿＿＿＿＿＿＿＿＿＿＿＿＿＿＿ 编号：＿＿＿＿＿＿＿

致：＿＿＿＿＿＿＿＿＿＿＿＿＿＿＿＿＿＿（施工单位）
监理单位（公章）：＿＿＿＿＿＿＿＿＿＿＿＿ 总监理工程师（签字）：＿＿＿＿＿＿＿＿＿＿ 日期：＿＿＿＿年＿＿＿＿月＿＿＿＿日

返工原因	□施工质量经检验不合格　　□由于设计文件修改 □未按设计文件要求施工　　□属于工程或合同变更 □使用了不合格的材料（设备）□其他：＿＿＿＿＿＿
返工要求	□拆除　　　　□更换材料　　　　□更换设备 □修补缺陷　　□另行更换合格的施工队伍施工 □由业主指定施工队伍施工　　□其他：＿＿＿＿＿
整改期限	
返工结果	
附注	□返工所发生的费用由施工单位承担 □返工所发生的费用可另行申报 □其他：＿＿＿＿＿＿＿＿＿

注：本表一式三份，项目监理单位一份，施工单位一份，建设单位一份。

"工程返工令"填表说明

1. 工程名称：填写本次工程的名称。

2. 编号：填写本次工程的资料编号，该编号通常是根据相关规定编制的。

3. 施工单位：填写承包该工程施工的施工单位名称。

4. 监理单位（公章）：监理单位在此处盖章。

5. 总监理工程师（签字）：总监理工程师在此处签字，签字要签写完整，不可写简称。

6. 日期：填写签字日期，包括年、月、日。

7. 返工原因：勾选返工原因，如果勾选"其他"，则须填写具体原因内容。

8. 返工要求：勾选返工要求，如果勾选"其他"，则须填写具体要求内容。

9. 整改期限：填写整改期限，具体到日。

10. 返工结果：施工单位收到监理通知单后，必须及时按通知内容和要求整改，并将返工结果填写"工程返工令"并反馈给监理单位。

11. 附注：需勾选或填写返工所发生费用的承担单位。

12. 注：本部分说明了表格的份数及使用范围。表格一式三份，其中项目监理单位、施工单位和建设单位各一份。

2.9 工程暂停令

工程暂停令

工程名称：＿＿＿＿＿＿＿＿＿＿＿＿＿＿＿　　　　　编号：＿＿＿＿＿＿＿

致：＿＿＿＿＿＿＿＿＿＿＿＿＿＿＿＿＿（施工单位）

　　由于＿＿＿＿＿＿＿＿＿原因，现通知你方必须于＿＿＿年＿＿＿月＿＿＿日时起，对本工程的＿＿＿＿部位（工序）实施暂停施工，并按下述要求做好各项工作：

　　　　　　　　　　　　监理单位（公章）：＿＿＿＿＿＿＿＿＿＿

　　　　　　　　　　　　总监理工程师（签字）：＿＿＿＿＿＿＿＿＿

　　　　　　　　　　　　　　　　日期：＿＿＿年＿＿＿月＿＿＿日

注：本表一式三份，项目监理单位一份，施工单位一份，建设单位一份。

"工程暂停令"填表说明

1. 工程名称：填写本次工程的名称。

2. 编号：填写本次工程的资料编号，该编号通常是根据相关规定编制的。

3. 施工单位：填写承包该工程施工的施工单位名称。

4. 暂停原因：填写本次工程的暂停原因。

5. 暂停日期：填写本次工程的暂停日期，包括年、月、日、时。

6. 部位（工序）：填写本次工程暂停的具体部位（工序）。

7. 工作要求：填写本次工程实施部位未满足实施质量的技术要求。

8. 监理单位（公章）：监理单位在此处盖章，表示其同意本次工程暂停。

9. 总监理工程师（签字）：总监理工程师在此处签字，表示其同意本次工程暂停，签字要签写完整，不可写简称。

10. 日期：填写签字日期，包括年、月、日。

11. 注：本部分说明了表格的份数及使用范围。表格一式三份，其中项目监理单位、施工单位和建设单位各一份。

2.10 工程复工令

工程复工令

工程名称：＿＿＿＿＿＿＿＿＿＿＿＿＿＿＿＿　　　　编号：＿＿＿＿＿＿＿

致：＿＿＿＿＿＿＿＿＿＿＿＿＿＿＿＿＿＿（施工单位）

　　我方于＿＿＿年＿＿＿月＿＿＿日＿＿＿时收到你方发出的"工程复工报审表"。我方要求暂停对本工程的＿＿＿＿部位（工序）的施工，经查已具备复工条件，经建设单位同意，现通知你方于＿＿＿年＿＿＿月＿＿＿日＿＿＿时起恢复施工。

　　　　　　　　　　监理单位（公章）：＿＿＿＿＿＿＿＿＿＿＿

　　　　　　　　　　总监理工程师（签字）：＿＿＿＿＿＿＿＿＿＿

　　　　　　　　　　　　　日期：＿＿＿年＿＿＿月＿＿＿日

注：本表一式三份，项目监理单位一份，施工单位一份，建设单位一份。

"工程复工令" 填表说明

1. 工程名称：填写本次工程的名称。

2. 编号：填写本次工程的资料编号，该编号通常是根据相关规定编制的。

3. 施工单位：填写承包该工程施工的施工单位名称。

4. 暂停日期：填写本次工程接收工程暂停令的日期，包括年、月、日、时。

5. 部位（工序）：填写本次工程暂停的具体部位（工序）。

6. 复工日期：填写本次工程的复工日期，包括年、月、日、时。

7. 监理单位（公章）：监理单位在此处盖章，表示其同意本次工程复工。

8. 总监理工程师（签字）：总监理工程师在此处签字，签字要签写完整，不可写简称。

9. 日期：填写签字日期，包括年、月、日。

10. 注：本部分说明了表格的份数及使用范围。表格一式三份，其中项目监理单位、施工单位和建设单位各一份。

2.11 工程临时／最终延期审批表

工程临时／最终延期审批表

工程名称：＿＿＿＿＿＿＿＿＿＿＿＿＿＿＿＿　　　　编号：＿＿＿＿＿＿

致：＿＿＿＿＿＿＿＿＿＿＿＿＿＿＿＿＿（施工单位）

根据施工合同条款＿＿＿＿＿＿＿＿条的规定，我方对你方提出的工程延期申请（第＿＿＿＿号）要求延长工期＿＿＿＿＿＿日历天的要求，经过审核评估：

□暂时同意工期延长＿＿＿＿＿＿日历天。竣工日期（包括已指令延长的工期）从原来的＿＿＿年＿＿＿月＿＿＿日延迟到＿＿＿年＿＿＿月＿＿＿日。请你方执行。

□不同意延长工期，请按约定竣工日期组织施工。

说明：

监理单位（公章）：＿＿＿＿＿＿＿＿＿＿
总监理工程师（签字）：＿＿＿＿＿＿＿＿＿＿
日期：＿＿＿年＿＿＿月＿＿＿日

注：本表一式三份，项目监理单位一份，施工单位一份，建设单位一份。

"工程临时／最终延期审批表"填表说明

1. 工程名称：填写本次工程的名称。

2. 编号：填写本次工程的资料编号，该编号通常是根据相关规定编制的。

3. 施工单位：填写承包该工程施工的施工单位名称。

4. 本表为项目监理部收到施工单位报送的"工程临时延期申请表"后，对申请表进行调查、审核与评估后，初步作出是否同意延期申请的批复。同意或不同意均应说明理由和依据。本表由总监理工程师签发，签发前应征得建设单位同意。

5. 监理单位（公章）：监理单位在此处盖章，表示其同意本次工程延期。

6. 总监理工程师（签字）：总监理工程师在此处签字，签字要签写完整，不可写简称。

7. 日期：填写签字日期，包括年、月、日。

8. 注：本部分说明了表格的份数及使用范围。表格一式三份，其中项目监理单位、施工单位和建设单位各一份。

第3章 监理技术资料

3.1 监理技术资料概述

监理技术资料是施工过程中的重要记录,旨在保障施工质量和安全。

1. 定义与重要性

监理技术资料是监理工程师在工程项目建设过程中,根据有关法律、法规、标准、规范和委托监理合同的要求,就工程项目监理过程形成的文字、图表、照片、录像等记录资料。这些资料不仅是工程项目质量控制、进度控制、投资控制以及安全管理的重要依据,也是工程项目竣工验收和后期维护的必备资料。

2. 主要内容

监理技术资料的内容丰富多样,主要包括但不限于以下几个方面:

(1)监理规划。由总监理工程师主持、监理工程师参加编制,是指导监理工作的纲领性文件。

(2)监理实施细则。针对中型及以上或专业性较强的工程项目而编制的详细操作指南,具有高度的针对性和可操作性。

(3)监理日志。记录每天监理工作的具体情况,包括施工内容、监理工作情况等。

(4)监理月报。对一个月内的工程进度情况和"三控制、两管理、一协调"监理工作的总结。

(5)工程质量评估报告。对项目监理环节的质量水平进行评估,为项目监理的质量管理提供科学依据。

(6)监理工作总结。对监理单位在一定时期内履行委托监理合同情况和监理工作的综合性总结。

(7)图纸。包括原始设计图纸、施工图纸、变更设计图纸等,是施工过程中的重要参考依据。

(8)技术规范。施工过程中的相关规范文件,包括国家规定的强制性标准和行业规范等。

（9）质量检测报告。包括各工程质量检测报告、材料检测报告等，用于评估工程项目的质量状况。

（10）施工过程照片、录像资料。记录施工过程中的关键节点和隐蔽工程，为工程验收和技术评定提供重要依据。

（11）各类评审审核文件。如建设项目可行性研究报告、项目设计审查意见书、工程竣工验收报告等。

（12）合同及变更记录。包括工程总包合同、分包合同以及各种变更通知、议定变更协议等。

3. 管理要求

（1）及时整理。监理技术资料应及时收集、整理，确保资料的完整性和准确性。

（2）分类有序。资料应按照项目阶段、工程类型、资料类型等进行分类，便于查找和使用。

（3）真实完整。资料应真实反映工程项目的实际情况，不得弄虚作假或遗漏重要信息。

（4）安全保密。对于涉及商业秘密或个人隐私的资料，应严格保密，防止泄露。

（5）长期保存。监理技术资料应长期保存，以备查阅和审计。

4. 电子化管理

随着信息技术的不断发展，监理技术资料的电子化管理已成为趋势。通过建立监理资料库，采用电子化管理和实物档案管理相结合的方式，可以实现对监理资料的快速查找、高效利用和安全存储。同时，还可以利用大数据、云计算等技术手段，对监理技术资料进行深入分析和挖掘，为工程项目的决策和管理提供更加科学、准确的依据。

综上所述，监理技术资料是工程项目建设过程中不可或缺的重要组成部分。通过加强对其的管理和利用，可以确保工程项目顺利并高质量完工。

3.2 监理规划

监理规划是在工程设计后、建设管理过程中，各参建单位、建设单位及监理单位等为确保可行性方案全部实行，使各参建单位科学安排建设过程中的各项事项而制定的一种有组织、有控制的建设管理规划。

1. 监理规划的定义与重要性

监理规划是监理管理的基础，旨在通过有效的规划，使各参建单位能够实施规范的管理，从而保证工程的质量。它是指导监理单位项目监理组织全面开展监理工作的重要依据，同时也是工程建设监理主管机构对监理实施监督管理的重要依据。此外，监理规划还是建设单位确认监理单位是否全面、认真履行工程建设监理委托合同的重要依据，并作为重要的存档资料保存。

2. 监理规划的主要内容

监理规划的内容通常包括以下几个方面：

（1）工程概况。对工程的基本情况进行简要描述，包括工程名称、建设地点、建设规模、建设内容、工程特点等。

（2）监理工作范围、内容、目标。明确监理工作的具体范围、内容以及要达到的目标，如质量控制目标、工期控制目标、投资控制目标等。

（3）监理工作依据。列出监理工作所依据的法律、法规、标准、规范以及委托监理合同等文件。

（4）监理组织形式、人员配备及进退场计划。描述监理组织的构成形式、监理人员的配备情况以及监理人员的进退场计划。

（5）监理人员岗位职责。明确各监理人员的岗位职责，确保监理工作的有序进行。

（6）监理工作制度。制定监理工作的各项制度，如例会制度、检查验收制度、报告制度等。

（7）工程质量控制。描述对工程质量的控制方法、措施以及验收标准等。

（8）工程造价控制。制定工程造价的控制策略，确保工程造价在合理范围内。

（9）工程进度控制。制订工程进度计划，并对工程进度进行监控和调整。

（10）安全生产管理的监理工作。明确安全生产管理的监理工作内容和要求，确保施工过程中的安全。

（11）合同与信息管理。对合同的执行情况进行监督和管理，同时建立信息管理平台，确保信息的及时传递和共享。

（12）组织协调。描述组织协调的方法和措施，确保各参建单位之间的顺畅沟通与合作。

（13）监理工作设施。列出监理工作所需的设施和设备，如办公设备、检测设备等。

3. 监理规划的制定与实施

制定监理规划时，应充分考虑工程项目的实际情况和特点以及建设单位的需求和要求。同时，监理规划应具有可操作性和可实施性，确保监理工作的顺利进行。在实施监理规划过程中，应注重过程管理和动态调整，根据实际情况对监理规划进行必要的修改和完善。

4. 监理规划的作用

（1）指导监理工作。监理规划为监理单位提供了明确的工作方向和依据，指导监理单位全面开展监理工作。

（2）监督管理依据。监理规划是工程建设监理主管机构对监理实施监督管理的重要依据，有助于确保监理工作的规范性和有效性。

（3）合同履行依据。监理规划是建设单位确认监理单位是否全面、认真履行工程建设监理委托合同的重要依据，有助于维护建设单位的合法权益。

（4）存档资料。监理规划作为重要的存档资料，有助于记录工程项目的建设过程和监理工作的实施情况。

综上所述，监理规划在工程项目建设中具有重要的作用和意义。通过制定和实施监理规划，可以确保工程项目的顺利并高质量完工。

以下是矿山环境恢复治理工程监理规划范本，仅供参考，具体内容应根据实际项目情况进行调整和完善。在实际应用中，还需要结合项目的特点、建设单位的要求以及相关法律法规的规定，制定符合项目实际情况的监理规划。

×××项目

监 理 规 划

编　制：

审　核：

×××（监理单位名称）

×年×月×日

目　　录

一、项目概况

1.项目名称：填写具体项目名称。

2.项目地点：填写项目具体地址。

3.建设规模：简述项目的规模，如治理区面积等。

4.工程投资：项目的总投资额。

5.建设工期：项目的预计建设周期。

6.设计单位：项目的设计单位名称。

7.施工单位：项目的施工单位名称。

8.矿山环境地质恢复治理工程设计：（1）勘探工程，包括地形测绘、矿山环境地质调查、工程地质勘查等；（2）分部工程设计，如挡土墙工程、边坡及平台整理工程、绿化工程、灌溉养护工程等。

二、监理工作目标

1.质量控制。确保工程质量符合设计要求、施工规范和验收标准，达到合格标准。

2.进度控制。协助业主单位督促施工单位按照施工计划进行施工，确保工程按期完成。

3.投资控制。审核施工单位提交的工程量及价款，确保投资控制在预算范围内。

4.安全管理。监督施工单位落实安全生产责任制，确保施工安全无事故。

5.合同管理。协助业主单位处理与施工单位的合同纠纷，维护业主单位的合法权益。

三、监理工作内容

1.施工准备阶段监理

（1）审查施工单位提出的施工组织设计、施工技术方案和施工进度计划，并提出修改意见。

（2）审查工程使用的原材料、半成品、成品和设备质量，按规定进行检测。

（3）检查施工单位的现场管理人员、机具、施工人员到位情况。

2.施工阶段监理

（1）监督施工单位严格按规范、规程、标准和设计要求施工，控制工程质量。

（2）及时检查工程施工质量，对隐蔽工程进行检查签证，参与工程质量事故的分析和处理。

（3）检查施工方案中的技术措施和安全防护措施的落实情况，督促检查安全生产和文明施工。

（4）督促审查施工单位整理合同文件及施工技术档案资料。

3.竣工验收阶段监理

（1）组织工程预验收，参与工程竣工验收，协助业主单位完成综合验收。

（2）提交有关阶段的、专项的或总体的工程报告。

四、监理工作方法

1.旁站监理。对关键部位、关键工序的施工过程进行旁站监督，确保施工质量。

2.巡视检查。定期对施工现场进行巡视检查，发现问题及时整改。

3.平行检验。对施工单位自检合格的工程部位进行平行检验，确保检验结果的准确性。

4.协调沟通。加强与业主单位、设计单位、施工单位的协调沟通，确保工程顺利进行。

五、监理人员安排

1.总监理工程师：姓名及资质。

2.专业监理工程师：各专业监理工程师的姓名及资质。

3.监理员：监理员的姓名及职责。

六、监理工作制度

1.设计文件、图纸审查制度。监理工程师收到施工设计文件、图纸，在工程开工前，会同施工及设计单位复查设计图纸，广泛听取意见，避免图纸中的差错、遗漏。

2.技术交底制度。监理工程师要督促、协助组织设计单位向施工单位进行施工设计图纸的全面技术交底（设计意图、施工要求、质量标准、技术措施）。

3.开工报告制度。当单位工程的主要施工准备工作已完成时，施工单位可提出"工程开工报告书"，经监理工程师现场落实后，一般工程即可审批，并报建设单位等审批。

4.材料检验及复验制度。分部工程施工前，监理人员应审阅进场材料和构件的出厂证明、材质证明、试验报告，填写材料、构件监理合格证。对于有疑问的主要材料进行抽样，在监理工程师的监督下，使用施工单位设备进行复查，不准使用不合格材料。

5.变更设计制度。如设计图有错漏，或发现实际情况与设计不符时，由提议单位提出变更设计申请，经施工、设计、监理、建设单位会勘同意后，由建设单位报主管部门进行变更设计，主管部门同意后由设计组填写变更设计通知单。

6.监理例会制度。检查当周监理工作，沟通情况，商讨难点问题，布置下周监理工作计划，总结经验，不断提高监理业务水平。

7.监理日志制度。要求监理人员每日填写监理日志，记录当日工作情况，特别是涉及设计、施工单位和需要返工、改正的事项，应详细作记录。

8.监理月报制度。监督施工单位严格按照合同规定的计划进度组织实施，每月提交监理月报，反映工程进展的真实状况；向建设单位报告各项工程实际进度及计划的对比和形象进度情况。审查施工单位编制的实施性施工组织设计，要突出重点，并使各单位、各工序进度密切衔接。

9.现场协调会制度。根据工作进度、施工部位，适时、适地召开各种形式的现场会议、专题会议；对上次会议的内容予以确认，了解承包方人员、机器、设备、材料到场情况；提出存在的问题，对质量进度提出预控意见，协调各方关系；形成记录，共同确认，认真执行。

10.施工现场巡视制度。项目总监理工程每两个星期必须进行一次现场质量、安全巡视活动。巡视检查工作内容如下：

（1）项目监理组织监理人员实施工程监理工作情况。

（2）承包施工单位的施工质量进度、投资各方面的实施情况。

（3）业主与承包协作关系情况，搞好工作协调。

（4）工程设计变更、进度计划等调整情况。

（5）跟踪检查上次巡视发现的问题，发出指令执行落实情况。

对于巡视发现的问题，应及时指令有关方面及时整改；确需研究决定的或需进一步协调的工作可利用监理全会、专题会议等各种方式，对发现的问题作出处理以及对下一步工作作出安排。

对工程关键部位、重要工序，严格执行平行检查。平行检查工作必须保证连续、独立进行，并准确、全面、完整地作好检查记录。对平行检查工作中发现的问题，必须及时发出整改指令，限期整改。

11.工程质量事故处理制度。凡在建设过程中，由于设计或施工原因，造成工程质量不符合规范或设计要求，或者超出工程质量评定验收标准规定的偏差范围，需作返工处理的统称为工程质量事故。

工程质量事故发生后，施工单位必须以电话或书面形式逐级上报。对重大的质量事故和工伤事故，监理应立即上报建设单位。凡对工程质量事故隐瞒不报，或拖延处理，或处理不当，或处理结果未经监理站同意的，事故部分及受事故影响的部分工程应视为不合格，不予验工计价，待合格后，再补办验工计价。

施工单位应及时上报"质量问题报告单"，并应抄报建设单位和监理工程师各一份。对于一般工程质量事故，由施工单位填写事故报告一式两份，由监理工程师组织有关单位研究处理；对于重大质量事故，施工单位填写事故报告一式三份报监理工程师，由监理工程师组织有关单位研究处理方案，报建设单位批准后，施工单位方能进行事故处理。待事故处理后，经监理工程师复查，确认无误，方可继续施工。

12.工程款支付、工程索赔签审制度。对施工单位按工程进度月报所反映的已完工程量，监理工程师应认真核定，同时应检查其工程质量是否合格，如不合格不予签证；按照建设单位与施工单位签订的承包合同规定的工程付款方法，根据核实的已完成工程数量和质量，签发（或会签）付款凭证；对超出承包合同之外因设计修改、工地洽商等所增加的工程，应由施工单位作出预算，监理组可根据建设单位的委托，审核预算及工程结算。

协助建设单位审查建设单位与各方签订的合同条款有无含混字句及分工不明、责任界限不清的地方，索赔条款内容是否明确，为做好索赔预控创造条件。协助建设单位，要求有关各方严格按合同协定办事，以达到控制质量、控制进度、控制投资等目的。在工程实施过程中，严格控制工程设计变更，尽量减少不必要的工程洽商，特别要控制有可能发生经济索赔的工程洽商。对于有可能发生经济索赔的变更或洽商，事先要报告建设单位，在征得建设单位同意的前提下，再签认有关变更或洽商。在本工程（或分部工程）完成以后，进行工程决（结）算，本着"合理合法，实事求是"的原则，划清索赔界限，处理好索赔争议。

13.质量验收制度。竣工验收的依据是批准的设计文件（包括变更设计），设计、施工有关规范，工程质量验收标准以及合同及协议文件等。按照验收标准对工程质量进行验收，确保工程质量合格。

施工单位按规定编写和提出验收交接文件是申请竣工验收的必要条件。竣工文件不齐全、不正确、不清晰，不能验收交接。施工单位应在验收前将编好的全部竣工文件及绘制的竣工图提供给监理一份，审查确认完整后，报建设单位，其余分发有关接管、使用单位保管。交接竣工文件主要内容如下：

（1）全部设计文件一份（包括变更设计）。

（2）全部竣工文件（图表及清单按照管理段的行政区划编制，以便接管单位存档使用）。

（3）各项工程施工记录一份。

（4）工程小结。

（5）主要机械及设备的技术证书一份。

对于隐蔽工程，施工单位应根据工程质量评定验收标准进行自检，并将评定资料报监理工程师。施工单位应将需检查的隐蔽工程在隐蔽前三日提出计划报监理工程师，监理工程师应排出计划，通知施工单位进行隐蔽工程检查，重点部位或重要项目应会同施工、设计单位共同检查签认。具体要求如下：

（1）施工单位完成隐蔽工程作业并自检合格后，应填写隐蔽工程报验申请表，报送项目监理组。经检验合格，监理人员应签认隐蔽工程报验申请表，施工单位方可进行下一道工序施工。

（2）监理人员应根据施工单位报送的隐蔽工程报验申请表和自检结果进行现场检查，符合要求的予以签认，并要求施工单位不得进行下一道工序施工。

（3）对隐蔽工程的隐蔽过程、下道工序施工完成后难以检查的重点部位，专业监理工程师应安排监理员进行旁站监督。

（4）隐蔽工程施工完成，未隐蔽前，施工单位必须通知建设、监理、设计等单位派人检查质量及施工工艺是否符合施工图或规范要求。

（5）隐蔽工程按相关质量标准检查评定，必须达到合格。

（6）未经检查验收，施工单位擅自隐蔽了隐蔽工程，由此产生的一切后果由施工单位负责；施工单位在隐蔽和中间验收前 48 小时以书面形式通知监理工程师验收，通知包括隐蔽和中间验收内容、验收时间和地点。施工单位准备验收记录，验收合格，监理工程师在验收记录上签字后，施工单位可进行隐蔽和继续施工；验收不合格，施工单位在监理工程师限定的时间内修改后重新验收。工程质量符合标准、规范和设计图纸等的要求，验收 24 小时后，监理工程师不在验收记录上签字，视为监理工程师已经批准，施工单位可进行隐蔽或者继续施工。

14.资料汇交制度。为了做好工程建设档案资料的管理工作，充分发挥档案资料在工程建设及建成后维护中的作用，应将工程建设监理文件资料整理归档。编制案卷类目可以按照工程建设的实施阶段以及工程内容的不同进行分类。

案卷的整理要求如下：

（1）对所有的监理文件资料进行整理，通过修正、补充，重新组合，使立卷的文件资料符合实际需要。

（2）文件归入案卷后，应在案卷封面上写上卷名，以备检索。

（3）按顺序编排文件的页码。

（4）每个案卷都应该设有目录，简介文件的概况，以便于查找。

（5）根据案卷封皮上的项目填写好书封。

（6）对立成的案卷进行装订。

（7）案卷装订成册后，编制案卷总目录。

案卷的移交要求：建设项目监理文档案卷应一式两份，一份移交建设单位，一份由监理单位归档保存。

七、监理工作程序

对矿山环境恢复治理工程进行全过程、全方位的监督、检查与控制。在每项工程开始前，施工单位均应做好施工准备工作，然后填写开工申请，并附上该项工程的施工计划及相应的工作顺序安排、人员及机械设备配置、材料准备情况等，报送监理部审查，若审查合格，则批复准予施工。否则，施工单位应再次作好施工准备，待条件具备时，再次填报开工申请。经过工序检查、总监理工程师组织验收、县自然资源局组织交工验收、市自然资源局组织竣工验收通过，资料汇交、工程决算后，治理工程结束。

1.施工准备阶段监理工作程序：

（1）审查施工组织设计、施工技术方案和施工进度计划。

（2）审查工程使用的原材料、半成品、成品和设备质量。

（3）检查施工单位的现场管理人员、机具、施工人员到位情况。

2.施工阶段监理工作程序：

（1）监督施工单位施工，检查工程质量。

（2）对隐蔽工程进行检查签证。

（3）检查施工方案中的技术措施和安全防护措施落实情况。

（4）督促审查施工单位整理合同文件及施工技术档案资料。

3.竣工验收阶段监理工作程序：

（1）组织工程预验收。

（2）参与工程竣工验收。

（3）提交有关阶段的、专项的或总体的工程报告。

八、监理工作措施

1.加强质量控制。通过旁站监理、巡视检查、平行检验等方式，确保工程质量符合设计要求。具体措施如下：

（1）组织措施。建立健全监理组织，以保证对所有施工环节进行有效的控制，并设立材料、试验、测量、计量及各工程项目的专业技术岗位，明确其名称和职责及其他有关质量监督制度，落实质量控制责任。

（2）技术措施。熟悉与工程有关的技术规范和技术标准、质量标准、合同条件、设计文件和图纸。严格执行开工报告、工序自检报告、工序检查认可、中间交工证书、中间交工报告、中间计量和工序质量检查程序等工程施工质量的基本控制程序。加强对测量、试验、验证试验、标准试验、工艺试验、抽样试验和验收试验等现场质量控制。严格落实质量缺陷的现场处理、修补与加固以及其他与质量有关的事前、事中和事后的质量控制措施。

（3）经济及合同措施。严格质量检验和验收，不符合合同规定及规范质量要求的拒付工程款。

2.加强进度控制。督促施工单位按照施工计划进行施工，确保工程按期完成。具体措施如下：

（1）组织措施。落实进度控制责任，建立进度控制协调制度。

（2）技术措施。根据工程情况和工期要求，认真编制施工进度计划，建立施工作业计划体系；做好施工单位施工进度计划的审批工作；认真做好工程进度检查记录、月工程进度报告、工程进度控制图表的检查工作；在工程施工期间，根据实际情况作好施工进度计划的调整；根据场地条件，合理增加施工面；采用高效能的施工机械设备；采用新工艺、新技术，缩短工艺过程和工序间的技术间歇时间。

（3）经济措施。对由于承包方的原因拖延工期者进行必要的经济处罚。

（4）合同措施。按合同要求及时协调有关各方的进度，以确保符合项目进度的要求。

3.加强投资控制。审核施工单位提交的工程量及价款，确保投资控制在预算范围内。具体措施如下：

（1）组织措施。建立健全监理组织，完善职责分工及有关制度，落实投资控制责任。

（2）技术措施。熟悉工程技术规范，掌握工程具体项目的工作范围和内容、计量方式和方法；熟悉工程量清单和修订的工程量清单的内容，并根据合同文件、设计图纸正确计量，按规定签发支付材料、设备的预付款证明和其他预付款证明；审核施工组织设计和施工方案，合理开支施工措施费，严格按合理工期组织施工，避免不必要的赶工费。

（3）经济措施。及时进行计划费用与实际开支费用的比较分析。

（4）合同措施。按合同及财政部门对项目资金使用规定支付工程款，防止过早、过量的现金支付，全面履约，减少施工方提出索赔的条件和机会，合情、合理、合法地处理索赔等。

4.加强竣工验收与工程移交控制：

（1）检查施工单位工程竣工验收的准备工作，编制竣工验收工作计划，作好各种经济技术资料的整理，拟定验收条件、依据和必备的技术资料。

（2）参加由建设单位组成的工程验收小组，按规定程序对工程进行验收。

（3）负责工程验收施工技术资料的审核。

（4）参加正式竣工验收，向验收小组汇报工程监理情况。

（5）工程验收后，要求施工单位抓紧解决尚未完成的工程遗留问题，督促、协助建设单位与施工单位尽快完成工程收尾、移交和其他有关方面的交接工作。

5.加强安全管理。监督施工单位落实安全生产责任制，确保施工安全无事故。

6.加强合同管理。协助业主单位处理与施工单位的合同纠纷，维护业主单位的合法权益。

3.3　监理实施细则

监理实施细则是在监理规划的指导下，在落实了各专业的监理责任后，由专业监理工程师针对项目的具体情况制定的更具有实施性和可操作性的业务文件。

1. 监理实施细则的定义与作用

监理实施细则反映了监理单位对项目控制的理解能力和程序控制技术水平，是监理工作的指导性资料。它起着指导监理业务开展的作用，对中型及中型以上项目或者专业性较强、危险性较大的工程项目来说尤为重要。一份翔实且针对性较强的监理实施细则可以消除建设单位对监理工作能力的疑虑，增强信任感，有利于建设单位对监理工作的支持。同时，施工单位在收到监理实施细则后，也能更加清楚各分项工程的监理控制程序与监理方法，加强与监理的沟通联系，明确各质量控制点的检验程序与检查方法，为监理的抽查做好各项准备工作。

2. 监理实施细则的主要内容

监理实施细则的主要内容包括但不限于以下几项：

（1）项目概况。介绍工程的基本情况，包括工程名称、建设地点、建设规模、建设内容等。

（2）监理依据。列出编制监理实施细则所依据的法律法规、技术标准、监理规划等文件。

（3）监理工作范围及工作目标。明确监理工作的具体范围、工作目标以及重点、难点。

（4）监理工作内容，包括准备阶段和施工阶段的监理工作内容。准备阶段主要关注对承包人施工技术方案的审查、对其准备工作的检查等，施工阶段则关注对工程质量的控制、对各质量控制点的检查、对质量通病的预控等。

（5）监理工作流程。详细阐述监理工作的具体流程，包括开工审核、施工质量控制、进度控制、造价控制等各个环节。

（6）监理工作的控制要点及目标。明确监理工作的关键控制点及其控制目标，如安全生产管理制度的建立、施工单位的专项方案审查等。

（7）监理工作的方法及措施。介绍监理工作所采用的方法（如旁站、巡视、见证取样等）和措施（如技术措施、经济措施、组织措施、合同措施等）。

（8）安全质量隐患及事故的处理程序。明确安全质量隐患和事故的处理程序，包括隐患的排查、整改以及事故的报告、调查和处理等。

（9）监理工作制度。建立一系列监理工作制度，如设计文件、图纸审查制度，施工图纸会审及设计交底制度等，以确保监理工作的顺利进行。

3.监理实施细则的制定与审批

制定监理实施细则时，应充分考虑工程项目的实际情况和特点，以及建设单位的需求和要求。具体制定流程如下：

（1）需求分析。充分了解项目的需求和特点，对工程范围、进度、质量、成本等方面进行综合分析。

（2）制定框架。根据需求分析，制定监理细则的框架结构，明确细则的主要内容和条款。

（3）起草细则。根据框架，逐条逐款起草具体的监理细则，注意细则的准确性和合理性。

（4）评审修改。将起草的细则提交给相关专家和监理人员进行评审，根据意见进行修改和完善。

（5）审批发布。经评审修改后，将细则提交给总监理工程师进行审批，审批通过后正式发布并向相关人员进行培训与宣传。

4.监理实施细则的执行与监督

在监理实施细则的执行过程中，监理单位应严格按照细则的要求开展监理工作，确保工程项目的质量和安全。同时，还应加强对监理实施细则执行情况的监督和管理，及时发现和纠正问题。如有需要，监理机构还可根据实际情况对监理实施细则进行调整和完善，以确保其适应工程项目的变化和发展。

5.监理实施细则的修订与更新

监理实施细则应根据工程进展和实际情况进行及时的修订和更新。在实施过程中，如发现监理实施细则存在不足之处或与实际情况不符，应及时进行补充、修改，并报总监理工程师批准后实施。

6. 监理实施细则的意义

监理实施细则的制定和实施对于确保工程项目的顺利进行以及质量的可控性具有重要意义。它有助于明确监理工作的具体内容和要求，提高监理工作的规范性和有效性；同时也有助于加强各参建单位之间的沟通与协作，共同推动工程项目的顺利完成。

综上所述，监理实施细则在工程项目建设中发挥着重要作用。通过制定和实施监理实施细则，可以确保工程项目的质量和安全，实现合同约定的目标。

以下是矿山环境恢复治理工程监理实施细则参考文本。

×××项目

监 理 实 施 细 则

编　制：

审　核：

×××（监理单位名称）

×年×月×日

目　　录

一、项目概况

1.项目名称：填写具体项目名称。

2.项目地点：填写项目具体地址。

3.建设规模：简述项目的规模，如治理区面积等。

4.工程投资：项目的总投资额。

5.建设工期：项目的预计建设周期。

6.设计单位：项目的设计单位名称。

7.施工单位：项目的施工单位名称。

8.矿山环境地质恢复治理工程设计：（1）勘探工程，包括地形测绘、矿山环境地质调查、工程地质勘查等；（2）分部工程设计，如挡土墙工程、边坡及平台整理工程、绿化工程、灌溉养护工程等。

二、监理依据

1.国家、地方及行业相关法律法规、标准规范。

2.监理合同及附件。

3.工程设计文件、施工图纸及技术要求。

4.施工组织设计、施工方案及专项施工方案。

5.工程质量验收标准、检验评定标准。

三、监理工作范围及工作目标

监理范围包括但不限于施工现场的施工质量、安全、进度、材料、设备等方面的监督管理。

监理工作目标：确保工程质量达到合格标准，施工安全无事故，工程进度符合合同约定，投资控制合理有效。尤其在安全监理方面，本着"安全第一、预防为主、风险控制、严格监督"的方针，实现重特大安全管理监理责任事故为零的目标。

四、监理工作内容

监理工作内容包括但不限于以下几项：

（1）对施工现场进行全面的监督管理，确保施工质量、安全、进度、投资等目标的顺利实现。

（2）对施工现场的施工工艺、施工方案、施工人员、材料设备等进行检查和评估，对关键工序、隐蔽工程进行旁站监理，提出合理化建议和改进措施，对分项、分部工程进行验收。

（3）审查施工单位安全生产保证体系，协助建设单位与施工承包单位签订工程项目施工安全协议书，并监督执行；检查施工现场安全措施落实情况，处理安全事故隐患。

（4）审核施工承包单位的专项施工方案，审核施工进度计划，检查施工进度情况，协调解决进度问题。

（5）审核工程量、工程变更、索赔等，控制工程投资，对施工过程中出现的变更、索赔等进行处理和协调。

五、监理人员与资质

监理方应指派具有相应资质和专业能力的监理人员负责本项目的监理工作。监理人员应具备相关领域的专业知识和经验，熟悉相关法律法规、规范标准和技术要求，并严格遵守职业道德和保密原则。

六、监理工作方式与时间

监理方应根据建设方的要求，制订详细的监理工作计划，并提交建设方审批。

（1）监理方应按照监理工作计划，定期对施工现场进行巡查、检查和评估，及时发现和解决问题。

（2）监理方应定期向建设方提交监理报告，包括施工现场的施工质量、安全、进度等方面的情况，并提出合理化建议和改进措施。

（3）监理方应在合同约定的时间内完成监理工作，并提交最终的监理报告。

七、监理工作流程

1.施工准备阶段：审查施工组织设计、施工方案，检查施工准备情况。

2.施工过程阶段：巡视检查施工现场，记录监理日志，处理质量、安全问题，验收分项、分部工程。

3.工程竣工验收阶段：组织竣工验收，审核竣工资料，签署验收意见。

八、监理工作控制要点及目标

1.质量控制要点：原材料、构配件、设备质量，关键工序、隐蔽工程质量，分项、分部工程质量验收，对施工成品进行保护和验收。

2.安全控制要点：施工现场安全措施落实情况，特种作业人员资格，安全事故隐患处理。

3.进度控制要点：施工进度计划执行情况，进度偏差分析，进度调整措施。

4.投资控制要点：工程量审核，工程变更、索赔处理，投资偏差分析。

九、监理工作方法及措施

1.质量监理方法：旁站监理、平行检验、见证取样等。

2.安全监理方法：定期检查、专项检查、日常巡查等。

3.进度监理方法：进度计划对比、进度偏差分析、进度调整建议等。

4.投资监理方法：工程量审核、变更索赔审查、投资偏差分析等。

十、安全质量隐患及事故的处理程序

1.发现安全质量隐患：立即通知施工单位整改，记录监理日志。

2.整改不到位或存在重大隐患：下达停工令，报告建设单位及主管部门。

3.发生安全事故：立即报告建设单位及主管部门，协助处理事故，调查事故原因，提出防范措施。

十一、监理工作制度

1.监理例会制度。每周召开一次监理例会，总结上周监理工作情况，安排下周监理工作计划。

2.监理日志制度。监理人员每日记录监理工作情况，包括巡视检查、验收、处理问题等。

3.监理报告制度。每月向建设单位提交监理月报，总结本月监理工作情况，提出存在的问题及建议。

4.监理资料管理制度。建立监理资料档案，分类管理监理资料，确保资料完整、准确、可追溯。

3.4 监理月报

监理月报是项目监理单位向建设单位汇报监理工作的主要方式和渠道，也是建设单位和有关部门了解工程实施现状和检查、评定监理工作的重要依据。通过监理月报，建设单位能尽快了解工程实施动态、成效及存在的问题，监理单位可以谋求建设单位和有关部门的理解、支持和配合，促进工程"三控"目标的顺利实现。

1. 主要内容

监理月报通常包含以下主要内容：

（1）当月工程描述。对当月工程的总体情况进行简要描述。

（2）工程质量控制，包括当月工程质量状况及影响因素分析、工程质量问题处理过程及采取的控制措施等。

（3）工程进度控制，包括当月施工资源投入、实际进度与计划进度比较、对进度完成情况的分析、存在的问题及采取的措施等。

（4）工程投资控制，包括当月工程计量、工程款支付情况及分析、当月合同支付中存在的问题及采取的措施等。

（5）合同管理其他事项，包括当月施工合同双方提出的问题、监理机构的答复意见和工程分包、变更、索赔、争议等处理情况，以及对存在的问题采取的措施等。

（6）施工安全和环境保护，包括当月施工安全措施执行情况、安全事故及处理情况、环境保护情况、对存在的问题采取的措施等。

（7）监理机构运行状况，包括当月监理机构人员及设施、设备情况，尚需发包人提供的条件或解决的情况等。

（8）当月监理综合评价，包括对当月工程质量、进度、计量与支付、合同管理其他事项、施工安全、监理机构运行状况的综合评价。

（9）下月监理工作计划，包括监理工作重点，在质量、进度、投资、合同其他事项和施工安全等方面需采取的预控制措施等。

（10）当月工程监理大事记。记录当月工程监理过程中的重要事件。

（11）其他应提交的资料和说明事项。根据工程实际情况和业主、上级公司的要求，可能需要提交的其他相关资料和说明事项。

此外，监理月报还可能包含当月监理方人员安排、进度形象对比图等内容，以便更直观地展示工程进度和监理工作情况。

2. 编写要求

（1）真实性。监理月报应真实反映工程的实际情况和监理工作的成效，不得夸大其词或避重就轻。

（2）全面性。监理月报应涵盖"三控制、两管理、一协调"的各个方面，确保内容的全面性和完整性。

（3）时效性。监理月报应及时编写和报送，确保信息的时效性和准确性。报送时间由监理单位和建设单位协商确定。

（4）权威性。监理月报应在总监理工程师的主持下由各专业监理工程师完成，确保及时、准确，保证质量。最后由总监理工程师签认并报建设单位和本监理单位。

3. 注意事项

（1）在编写监理月报时，应注重数据的准确性和可靠性，用数据说话，以文字叙述为准。

（2）监理月报应围绕"三控制、两管理、一协调"的工作目标进行编写，突出重点和亮点。

（3）在描述工程质量和进度问题时，应客观分析原因和影响因素，并提出切实可行的解决方案和措施。

（4）在编写监理月报时，应注重语言的规范性和专业性，避免使用过于口语化或模糊不清的表述方式。

综上所述，监理月报是项目监理单位向建设单位汇报监理工作的重要文件，其内容涵盖工程的各个方面和监理工作的各个环节。在编写监理月报时，应注重真实性、全面性、时效性和权威性等方面的要求，确保信息的准确性和可靠性。

以下是矿山环境恢复治理工程监理月报范本，仅供参考，具体内容应根据实际工程情况进行调整和完善。在编写监理月报时，应确保内容真实、准确、完整，以便为工程建设提供有力的支持和保障。

×××项目

监　理　月　报

年　　　　度：

月　　　　份：

编　　制　　人：

总监理工程师：

×××（监理单位名称）

×年×月×日

目　　录

一、工程概况

1.项目名称：填写具体项目名称。

2.项目地点：填写项目具体地址。

3.建设规模：简述项目的规模，如治理区面积等。

4.工程投资：项目的总投资额。

5.建设工期：项目的预计建设周期。

6.设计单位：项目的设计单位名称。

7.施工单位：项目的施工单位名称。

8.矿山环境地质恢复治理工程设计：（1）勘探工程，包括地形测绘、矿山环境地质调查、工程地质勘查等；（2）分部工程设计，如挡土墙工程、边坡及平台整理工程、绿化工程、灌溉养护工程等。

二、本月工程形象进度

1.本月工程概况。本月应施工的具体工程量。

2.工程形象部位完成情况。详细描述本月各部位工程的完成情况，与总进度计划进行比较。

3.本月形象进度计划与实际完成情况。列出本月计划完成的形象进度和实际完成情况，分析差异原因。

三、工程进度控制

1.施工资源投入。描述本月施工资源的投入情况，包括人力、物力、财力等。

2.实际进度与计划进度比较。对比实际进度与计划进度，分析进度完成情况。

3.存在的问题及采取的措施。针对进度滞后或存在的问题，提出具体的解决措施。

四、工程质量控制

1.当月工程质量状况。描述本月工程质量状况，包括各分项、分部工程的质量验评情况。

2.工程质量问题处理过程。针对发现的质量问题，描述处理过程和结果。

3.采取的控制措施。为提升工程质量所采取的具体控制措施，包括事前控制、事中控制和事后控制的具体措施，具体如下：

（1）质量的事前控制，主要包括施工现场条件的审查、设备的运行情况和具体施工工艺的审查等。

（2）质量的事中控制：

①根据工程施工工艺和工程特点，为切实保证工程质量，质检员以现场检查、旁站、量测、试验等多种手段进行工程质量控制。

②坚持上道工序不经检查验收不准进行下道工序的原则，所有工序须经质检员检查合格后方能进行下道工序施工。

（3）质量的事后控制主要体现为工程阶段性验收和对工程资料与实体质量的验收。

通过对工程质量的事前、事中和事后控制，该工程本月施工质量满足设计及规范要求。

五、工程投资控制

1.当月工程计量。描述本月完成的工程量及计量情况。

2.工程款支付情况。列出工程款申报、审核及支付情况，分析支付状况。

3.存在的问题及采取的措施。针对工程款支付中存在的问题，提出具体的解决措施。

六、合同管理其他事项

1.工程变更。描述本月发生的工程变更情况，包括变更原因、变更内容等。

2.工程延期。如有延期情况，描述延期原因、延期时间及影响。

3.费用索赔。列出本月发生的费用索赔情况，包括索赔原因、索赔金额等。

七、施工安全和环境保护

1.施工安全措施执行情况。描述本月施工安全措施的执行情况，包括安全教育培训、安全检查等。

2.安全事故及处理情况。如有安全事故发生，描述事故经过、处理结果及防范措施。

3.环境保护情况。描述本月环境保护措施的执行情况，包括扬尘治理、噪声控制等。

八、监理机构运行状况

1.监理机构人员及设施情况。描述监理机构人员构成、设施设备及使用情况。

2.尚需发包人提供的条件或解决的情况。列出尚需发包人提供的条件或解决的问题。

九、当月监理综合评价

对本月工程质量、进度、计量与支付、合同管理其他事项、施工安全、监理机构运行状况进行综合评价。

十、下月监理工作计划

1.监理工作重点。列出下月监理工作的重点任务。

2.预控制措施。在质量、进度、投资、合同其他事项和施工安全等方面需采取的预控制措施。

十一、当月工程监理大事记

记录本月工程监理过程中的重要事件和里程碑。

十二、其他应提交的资料和说明事项

如有其他需要说明的事项或提交的资料，可在此部分列出。

3.5 工程质量评估报告

工程质量评估报告是对工程项目的质量进行全面评估和分析的文件，旨在评估项目的设计、施工、监理等环节的质量水平，为项目的质量管理提供科学依据。它有助于项目管理者了解项目的实际质量状况，及时发现和解决存在的质量问题，提高工程项目的质量水平，确保工程项目的顺利实施。

1. 编制主体与依据

工程质量评估报告的编制主体通常是项目监理单位。编制依据主要包括设计文件、专业工程质量检验评定标准、施工验收规范，以及相应的国家、地方现行标准，国家、地方现行有关建筑工程质量管理办法、规定等。

2. 编制流程与内容

编制流程如下：

（1）明确评估目标和范围。确定评估的重点和侧重点，为后续评估工作提供指导。

（2）收集评估数据。搜集项目设计文件、施工记录、验收报告等相关资料，确保评估数据的全面性和准确性。

（3）数据分析与比对。对收集的评估数据进行分析和比对，评估项目的质量水平，发现存在的问题和风险。

（4）提出改进措施和建议。根据评估结果，提出有针对性的改进措施和建议。

报告通常包含以下主要内容：

（1）项目概况。说明工程所在地理位置，建筑面积，设计、施工、监理单位等。

（2）质量评估依据。列出评估所依据的设计文件、施工验收规范、质量检验评定标准及相关法律法规等。

（3）分部分项工程划分及质量评定。叙述对分项工程进行划分及施工单位自评质量等级情况，反映监理工程师对分项工程质量等级的核查情况。

（4）质量评估意见。监理单位对所评估的分部、分项、单位工程给出确切的意见，包括质量等级评定、结构安全、重要使用功能及主要质量情况的评估等。

3. 评估方法

工程质量评估报告通常采用定性评估和定量评估相结合的方法。定性评估通过对工程项目的质量进行描述和分析，评估项目的整体质量水平；定量评估则通过对工程项目的质量指标进行量化和分析，评估项目的具体质量水平。综合评估方法则是对工程项目的各项质量指标进行综合分析和评估，综合考虑项目的设计、施工、监理等环节的质量水平。

4. 报告的应用与效力

工程质量评估报告是工程项目质量管理的重要工具，具有广泛的应用和法律效力。它是质量监督站核验质量等级的重要基础资料，也是监理单位、监理工程师监理水平的一种直观展示。同时，工程质量评估报告还可以作为项目竣工验收、质量保修、质量争议处理等方面的重要依据。

5. 编写注意事项

（1）报告应简明扼要，便于读者快速了解评估内容和结果。

（2）评估结果应客观、公正、准确，避免恶意评价或有意夸奖。

（3）报告应全面反映项目的质量状况。

（4）编写人应参考选用平时收集到的第一手资料，对所评价工程要了如指掌，以保证报告完整、真实、可信。

综上所述，编制工程质量评估报告是工程项目质量管理的重要环节，对于确保工程项目的质量和安全具有重要意义。

以下是矿山环境恢复治理工程质量评估报告范本，仅供参考，具体内容应根据实际工程项目的特点和评估需求进行适当调整和补充。同时，在编制工程质量评估报告时，应确保报告的客观性、准确性和完整性，以便为工程质量验收和后续工作提供有力的依据。

×××项目

工程质量评估报告

编　　制：

审　　核：

×××（监理单位名称）

×年×月×日

目　　录

一、项目概况

1.项目名称：填写具体项目名称。

2.项目地点：填写项目具体地址。

3.建设规模：简述项目的规模，如治理区面积等。

4.工程投资：项目的总投资额。

5.建设工期：项目的预计建设周期。

6.设计单位：项目的设计单位名称。

7.施工单位：项目的施工单位名称。

8.矿山环境地质恢复治理工程设计：（1）勘探工程，包括地形测绘、矿山环境地质调查、工程地质勘查等；（2）分部工程设计，如挡土墙工程、边坡及平台整理工程、绿化工程、灌溉养护工程等。

二、质量评估依据

1.国家及地方相关法律法规。

2.矿山生态修复标准、规范及规程。

3.设计图纸及技术要求。

4.施工合同及监理合同。

5.工程质量验收标准及规定。

三、评估目的

1.对工程施工质量进行全面评估。

2.发现并指出施工中存在的质量问题。

3.提出改进措施和建议，确保工程质量符合设计要求及验收标准。

四、评估范围

1.明确评估的工程项目范围。

2.列出评估的分部、分项工程及具体部位。

3.评估的时间范围及阶段性评估计划。

五、分部分项工程划分及质量评定

1.分部工程划分：挡土墙工程、边坡及平台整理工程、绿化工程、灌溉养护工程等。

2.分项工程划分：根据各分部工程特点进行具体划分。

3.质量评定：对各分项工程的质量进行量化评定，包括合格率、优良率等指标。

4.质量问题统计：列出各分项工程中存在的质量问题及整改情况。

六、质量评估意见

质量评估意见主要包括以下内容：

1.对整个工程项目的施工质量进行总体评价。

2.指出施工中存在的质量问题和隐患。

3.分析质量问题产生的原因及责任归属。

4.对施工单位的质量管理体系和质量控制措施进行评价。

具体质量评估意见参考如下：

工程质量整体较好，合格率达到了××%以上。

建设单位、施工单位、监理单位在工程质量管理中都存在一些问题，如建设单位在设计文件审查中存在不足，施工单位在劳动保护和文明施工方面存在漏洞，监理单位在日常监理中存在手续不全的情况。

共发现质量问题××件，其中重大问题××件，一般问题××件，关键问题××件。重大问题和关键问题已得到及时处理和解决，一般问题正在整改中。

七、建议与措施

建议与措施主要包括以下内容：

1.针对评估中发现的质量问题，提出具体的改进措施和建议。

2.建议建设单位加强对施工单位的监督和管理。

3.强调监理单位在质量控制中的重要作用，提出加强监理工作的措施。

4.鼓励施工单位加强内部质量管理，提高施工水平。

具体建议与措施参考如下：

1.建设单位、施工单位、监理单位应加强工程质量管理，增强与提高质量控制意识和管理水平。

2.针对存在的问题，制定具体整改方案，并落实到位。

3.加强各方沟通和协作，确保工程质量达到预期目标。

3.6 监理工作总结

监理工作总结是监理单位在完成工程项目监理任务后，对整个监理过程、监理成果、经验教训以及改进措施进行全面回顾和总结的重要文件。

1.概述

监理工作总结是监理单位在工程项目结束后，对监理工作进行全面梳理和总结的报告。它旨在汇总监理过程中的得失，总结经验教训，为后续监理工作提供参考和借鉴。

2.编制原则

（1）客观性。总结应基于实际监理工作，客观反映监理过程、成果和存在的问题。

（2）全面性。总结应涵盖监理工作的各个方面，包括进度控制、质量控制、安全管理、合同管理、组织协调等。

（3）准确性。总结中的数据、事实应准确无误，避免夸大或回避事实。

（4）建设性。总结应提出有针对性的改进措施和建议，为后续监理工作提供参考。

3.编制内容

（1）项目概况。简要介绍工程项目的背景、规模、特点以及监理工作的总体目标和要求。

（2）监理组织及人员配置。描述监理组织的架构、人员配置以及各岗位职责。

（3）监理工作实施情况。从进度控制、质量控制、安全管理、合同管理、组织协调等方面进行阐述。具体如下：

①进度控制。总结进度计划的执行情况，包括进度偏差的原因、纠正措施及效果。

②质量控制。分析质量检查、验收和评定情况，总结质量控制的方法和效果。

③安全管理。回顾安全监督、检查和整改情况，评估安全管理的成效。

④合同管理。总结合同执行、变更管理和索赔处理情况。

⑤组织协调。评估监理过程中的组织协调工作，包括与业主、施工单位、设

计单位等各方的沟通与合作。

（4）监理成果。总结监理过程中取得的成果，如质量、进度、安全等方面的亮点和成功案例。

（5）存在的问题与不足。客观地分析监理过程中存在的问题和不足，包括监理工作本身的缺陷和外部环境的影响。

（6）经验教训与改进措施。基于存在的问题和不足，总结经验教训，提出有针对性的改进措施和建议。

（7）附件。包括监理日志、会议纪要、质量检查报告、安全检查报告等相关资料。

4. 编制步骤

（1）资料收集。收集监理过程中的所有相关资料，包括监理日志、会议纪要、质量检查报告等。

（2）资料整理。对收集到的资料进行整理和分析，提取关键信息和数据。

（3）撰写初稿。根据整理的资料和分析结果，撰写监理工作总结的初稿。

（4）审核修改。将初稿提交给监理单位进行内部审核和修改，确保内容的准确性和完整性。

（5）最终定稿。经过审核修改后，形成最终定稿的监理工作总结。

5. 注意事项

（1）真实性。总结应真实反映监理过程和成果，避免夸大或回避事实。

（2）客观性。在总结中应客观评价监理工作的得失，避免主观臆断。

（3）针对性。提出的改进措施和建议应具有针对性和可操作性。

（4）及时性。监理工作总结应在工程项目结束后及时完成，以便为后续工作提供参考。

综上所述，监理工作总结是监理单位对工程项目监理工作进行全面回顾和总结的重要文件。通过编制监理工作总结，监理单位可以总结经验教训，提高监理水平，为后续监理工作提供参考和借鉴。

以下是矿山环境恢复治理工程监理工作总结范本，仅供参考，具体内容需根据项目实际情况进行补充和调整，以确保总结的全面性和针对性。

×××项目

监 理 工 作 总 结

编　　制：

审　　核：

×××（监理单位名称）

×年×月×日

目　　录

一、项目概况

1.项目名称：填写具体项目名称。

2.项目地点：填写项目具体地址。

3.建设规模：简述项目的规模，如治理区面积等。

4.工程投资：项目的总投资额。

5.建设工期：项目的预计建设周期。

6.设计单位：项目的设计单位名称。

7.施工单位：项目的施工单位名称。

8.矿山环境地质恢复治理工程设计：（1）勘探工程，包括地形测绘、矿山环境地质调查、工程地质勘查等；（2）分部工程设计，如挡土墙工程、边坡及平台整理工程、绿化工程、灌溉养护工程等。

二、监理组织及人员配置

1.总监理工程师：姓名及资质。

2.专业监理工程师：各专业监理工程师的姓名及资质。

3.监理员：监理员的姓名及职责。

三、监理工作实施情况

1.质量控制

（1）审查施工图纸和技术资料，确保设计合规。

（2）实施原材料、构配件及设备的质量检验，确保进场材料符合标准。

（3）监督施工过程，进行旁站、巡视和平行检验，发现并纠正质量问题。

（4）组织分项工程、分部工程及单位工程的质量验收，确保工程质量达标。

2.进度管理

（1）审核施工单位提交的进度计划，确保其合理性和可行性。

（2）定期召开进度协调会议，解决进度延误问题。

（3）记录并分析实际进度与计划进度的偏差，提出调整建议。

3.安全管理

（1）审查施工单位的安全生产管理体系及专项施工方案。

（2）定期开展安全检查，及时发现并消除安全隐患。

（3）组织安全教育培训，提高施工人员安全意识。

4.合同管理

（1）协助建设单位处理合同变更、索赔等事宜。

（2）监督施工单位履行合同义务，确保合同执行到位。

四、监理成果

通过监理团队的严格监督与管理，项目在质量控制、进度管理、安全管理等方面均取得了显著成效，工程质量达到设计要求，未发生重大安全事故，进度基本符合预期。

五、存在的问题与不足

在项目执行过程中，也面临了诸如设计变更频繁、材料供应紧张、天气影响施工进度等挑战，但通过监理团队的积极协调与应对，均得到了有效解决。

六、经验教训与改进措施

1.经验教训

认识到在项目初期加强与设计单位的沟通、提前预判材料市场变化、制订更为灵活的进度计划等对于项目的顺利实施至关重要。

2.改进建议

建议未来在项目监理工作中进一步加强信息化手段的应用，提高监理效率；同时，加强与其他参建方的协作，共同推动项目管理的标准化、精细化。

七、结语

随着项目的圆满结束，监理团队也完成了其历史使命。在此，我们感谢建设单位、设计单位、施工单位以及所有参建人员的支持与配合。未来，我们将继续秉承专业、公正、诚信的原则，为更多工程项目的成功实施贡献力量。

第4章 质量控制资料

4.1 质量控制资料概述

监理质量控制资料是工程监理过程中形成的用于记录和反映工程质量控制情况的重要文件。

1. 质量控制的内容与标准

（1）质量控制主要包括以下内容：

①审查施工单位的质量控制体系和措施，核实质量文件。

②依据工程承建合同文件、设计文件、技术规范与质量检验标准，对施工前准备工作进行检查，对施工工序和资源投入进行监督。

③以单元工程为基础，对主体工程、隐蔽工程、分部分项工程的质量进行检查、签证，对施工质量进行评价。

④组织质量事故调查，分类评定质量事故等级，审批质量事故处理措施。

⑤关键部位、关键施工工序、关键施工时段必须实行旁站监理。

（2）工程质量控制的基本依据如下：

①工程承建合同文件及其技术条件与技术规范。

②国家或国家部门颁发的法律与行政法规。

③经监理单位签发实施的设计图纸与设计技术要求。

④国家或国家部门颁发的技术规程、规范、质量检验标准及质量检验办法。

（3）工程质量控制标准如下：

①合同工程实施过程中，若国家或国家部门颁发新的技术标准替代了原技术标准，则自新标准生效之日起，依据新标准执行。

②当合同文件规定的技术标准低于国家或国家部门颁发的强制性技术标准时，应按国家或国家部门颁发的强制性技术标准执行。

③当国家或国家部门颁发的技术标准（包括推荐标准和强制性标准）低于合同文件规定的技术标准时，按合同技术标准执行。

④监理单位可以依照工程承建合同文件规定，在获得建设单位批准后，对工程质量控制所执行的合同技术标准与质量检验方法进行补充、修改与调整。

2. 质量控制资料的具体内容

（1）审查与检验资料

①审查施工单位现场的质量管理组织机构、管理制度及专职管理人员和特种作业人员的资格。

②审查施工单位报审的施工方案。

③审查施工单位报送的新材料、新工艺、新技术、新设备的质量认证材料和相关验收标准的适用性。

④检查、复核施工单位报送的施工控制测量成果及保护措施。

⑤查验施工单位在施工过程中报送的施工测量放线成果。

⑥检查施工单位为工程提供服务的试验室。

⑦对用于工程的材料进行见证取样、平行检验。

⑧审查施工单位定期提交的影响工程质量的计量设备的检查和检定报告。

（2）监督与检查资料

①对关键部位、关键工序进行旁站记录。

②对工程施工质量进行巡视记录。

③对施工质量进行平行检验的记录。

④验收施工单位报验的隐蔽工程、检验批、分项工程和分部工程的验收记录。

（3）质量问题处理资料

①施工质量问题、质量缺陷、质量事故的记录。

②质量事故调查、分析、处理的报告和资料。

（4）验收与评估资料

①审查施工单位提交的单位工程竣工验收报审表及竣工资料。

②组织工程竣工预验收的记录和报告。

③编写工程质量评估报告。

3. 质量控制资料的编制与管理

（1）质量控制资料的编制要求

①质量控制资料应真实、准确、完整，反映工程质量控制的全过程。

②各项记录应规范、清晰，便于查阅和追溯。

③质量控制资料应按照工程承建合同文件、设计文件、技术规范与质量检验标准的要求进行编制。

（2）质量控制资料的管理要求

①质量控制资料应妥善保管，防止丢失或损坏。

②定期对质量控制资料进行整理、归档和备份。

③在工程监理过程中，及时更新和补充质量控制资料，确保资料的时效性和完整性。

综上所述，监理质量控制资料是工程监理过程中不可或缺的重要组成部分，它记录了工程质量控制的全过程，为工程质量评估、验收和后续维护提供了重要依据。因此，在工程监理过程中，应高度重视质量控制资料的编制与管理工作，确保资料的真实性、准确性和完整性。

4.2 旁站监理记录

旁站监理记录

工程名称：_____　　　编号：_____

日期		天气	
旁站监理的部位或检验批：			
旁站监理开始时间： _____时_____分		旁站监理结束时间： _____时_____分	
施工情况：			
监理情况：			
发现问题：			
处理意见：			
备注：			
施工质检员（签字）： 日期：　　年　　月　　日		监理旁站员（签字）： 日期：　　年　　月　　日	

注：本表一式三份，项目监理单位一份，施工单位一份，建设单位一份。

"旁站监理记录"填表说明

1. 工程名称：填写本次工程的名称。

2. 编号：填写本次工程的资料编号，该编号通常是根据相关规定编制的。

3. 日期：填写记录日期，包括年、月、日。

4. 天气：据实填写旁站时的天气状况，包括阴、晴、雨、雪以及气温、风力等信息。天气情况对施工质量有重要影响，如温度会影响混凝土及砂浆强度的增长速度，下雨会影响砂、石的含水率，进而影响混凝土、砂浆的配合比和强度。

5. 旁站监理的部位或检验批：明确记录旁站的具体部位或检验批，如基础混凝土浇筑、挡墙砌筑等。

6. 旁站监理时间：记录旁站监理的开始时间和结束时间，应精确到时和分。

7. 施工情况：详细记录施工单位人员到岗情况，施工机械和工具的名称、型号、数量以及运转情况，施工所用材料的质量、规格、数量，以及按照实际施工顺序记录各道工序的完成情况等。

8. 监理情况：记录监理人员在旁站过程中重点关注的质量控制点，并注明检查结果是否符合要求；记录施工现场的安全措施是否得到有效执行，如安全警示标志的设置、作业人员的安全防护用品佩戴情况等；记录监理人员对施工质量进行的检测与验收情况等。

9. 发现问题：在旁站过程中，如发现施工问题或安全隐患，应详细记录问题的性质、严重程度等信息。

10. 处理意见：针对发现的问题，记录监理人员或施工单位采取的处理措施及效果。处理意见应是对问题作分析后得出的一个结论意见，不一定是最终结论。

11. 备注：如有其他需要说明的事项，可在备注栏中填写。如问题的跟踪处理情况、特殊情况的说明等。项目监理机构将问题的分析意见转交设计或建设部门处理，也应在备注中说明。

12. 施工质检员（签字）：施工单位的质检人员应对旁站记录中的施工情况予以确认并签字。

13. 监理旁站员（签字）：旁站监理人员应对旁站记录中的监理情况予以确认

并签字。

14. 日期：填写签字日期，包括年、月、日。

15. 旁站监理记录应尽可能详细，以便后续查阅和分析。同时，记录内容应准确无误，确保与实际施工情况相符。

16. 注：本部分说明了表格的份数及使用范围。表格一式三份，其中项目监理单位、施工单位和建设单位各一份。

4.3 监理巡视记录

监理巡视记录

工程名称：＿＿＿＿＿＿＿＿＿＿＿＿＿＿＿＿　　　　　编号：＿＿＿＿＿＿＿

地点		日期	
巡视部位及施工情况简述：			
巡视检查记录：			
存在问题：			
处理意见：			

监理单位（公章）：＿＿＿＿＿＿＿＿＿

总/专业监理工程师（签字）：＿＿＿＿＿＿＿＿＿

日期：＿＿＿＿年＿＿＿＿月＿＿＿＿日

注：本表一式三份，项目监理单位一份，施工单位一份，建设单位一份。

"监理巡视记录"填表说明

1. 工程名称：填写本次工程的名称。

2. 编号：填写本次工程的资料编号，该编号通常是根据相关规定编制的。

3. 地点：记录巡视的具体地点，如施工部位或工序等具体位置。

4. 日期：填写巡视的具体日期，包括年、月、日，确保日期准确无误。

5. 巡视部位及施工情况简述：详细记录巡视的范围、主要部位及工序，确保巡视工作全面覆盖；简要描述巡视时施工单位的施工情况，包括正在进行的施工项目、人员到位情况、施工工艺合规性等。

6. 巡视检查记录：记录参与巡视的监理人员的姓名，确保有责任人员对巡视内容进行记录；记录巡视的开始和结束时间，有助于了解巡视工作的持续时间和效率。

7. 存在问题：在巡视过程中，如发现施工质量问题、安全隐患、人员和设备配备问题、施工工艺问题等，应详细记录问题的性质、发生时间、发生地点以及严重程度等信息。

8. 处理意见：针对发现的问题，记录监理人员提出的处理意见或要求，如要求施工单位整改、返工、增派人员、增加设备等。同时，记录施工单位对监理意见的反馈和执行情况。

9. 监理单位（公章）：项目监理单位应在巡视记录上加盖公章，以确认记录的有效性和权威性。

10. 总/专业监理工程师（签字）：总监理工程师或专业监理工程师应对巡视记录中的内容进行核实并签字确认，确保记录的真实性和准确性，签字要签写完整，不可写简称。

11. 日期：填写签字日期，包括年、月、日。

12. 巡视记录应尽可能详细、准确，以便后续查阅和分析。同时，记录内容应与实际情况相符，不得弄虚作假。

13. 注：本部分说明了表格的份数及使用范围。表格一式三份，其中项目监理单位、施工单位和建设单位各一份。

4.4 监理抽检记录

监理抽检记录

工程名称：_____　　　　　　编号：_____

地点		日期	
检查部位		检查项目	
检查数量		检查结果	
处理意见：			

监理单位（公章）：_____

专业监理工程师（签字）：_____

日期：_____年_____月_____日

总监理工程师（签字）：_____

日期：_____年_____月_____日

注：本表一式三份，项目监理单位一份，施工单位一份，建设单位一份。

"监理抽检记录" 填表说明

1. 工程名称：填写本次工程的名称。

2. 编号：填写本次工程的资料编号，该编号通常是根据相关规定编制的。

3. 地点：记录抽检的具体地点。

4. 日期：填写实际进行抽检的具体日期，包括年、月、日，确保日期的准确性和可追溯性。

5. 检查部位：描述抽检的具体部位或位置，如施工部位或工序等具体位置。

6. 检查项目：明确抽检的具体项目或内容，如基础混凝土浇筑、挡墙砌筑等。

7. 检查数量：根据抽检计划或相关规范，明确抽检的试件或样本数量。

8. 检查结果：根据实际抽检情况，填写合格或不合格。若不合格，需按相关规定填写处置意见，并通知承包单位。

9. 处理意见：若抽检结果合格，监理工程师在"处理意见"栏中签字确认。若抽检结果不合格，监理工程师需按相关规定填写处理意见和"不合格项处置记录"，并通知承包单位进行整改。

10. 监理单位（公章）：监理单位需在抽检记录表上盖章，以示对抽检结果的正式确认和负责。

11. 专业监理工程师（签字）：专业监理工程师需在抽检记录表上签字，以示对抽检结果的确认和负责，签字要签写完整，不可写简称。

12. 专业监理工程师签字日期：填写专业监理工程师签字日期，包括年、月、日。

13. 总监理工程师（签字）：总监理工程师需对抽检记录表进行审核，并签字确认，签字要签写完整，不可写简称。

14. 总监理工程师签字日期：填写总监理工程师签字日期，包括年、月、日。

15. 抽检记录表应使用黑色或蓝色钢笔、签字笔填写，字迹清晰、工整，不得涂改。

16. 注：本部分说明了表格的份数及使用范围。表格一式三份，其中项目监理单位、施工单位和建设单位各一份。

4.5 见证取样和送检见证人员授权书

见证取样和送检见证人员授权书

工程名称：_____   编号：_____

致：_____（施工单位）

_____（试验单位）

经研究决定授权_____同志为_____工程见证取样和送检见证人，负责国家规定及施工质量验收规范规定的原材料、构配件、成品、半成品器具、设备的见证取样和送样，请你单位予以认可，工作中核验其所持证件。

监理单位（公章）：_____

总监理工程师（签字）：_____

日期：_____年_____月_____日

见证取样和送检见证人			
姓名	技术职称/职务	联系电话	本人签字
备注：			

注：本表一式三份，项目监理单位一份，施工单位一份，试验单位一份。

"见证取样和送检见证人员授权书"填表说明

1. 工程名称：填写本次工程的名称。

2. 编号：填写本次工程的资料编号，该编号通常是根据相关规定编制的。

3. 致：填写接收此授权书的单位名称，包括施工单位和试验单位名称。

4. 见证人员姓名：填写见证人员的全名。

5. 工程名称：填写需要见证取样和送检的工程全称。

6. 监理单位（公章）：监理单位需在见证取样和送检见证人员授权书上加盖公章，以确认其授权行为。

7. 总监理工程师（签字）：总监理工程师需对见证取样和送检见证人员授权书进行审核并签字确认，签字要签写完整，不可写简称。

8. 日期：填写授权书的签署日期，包括年、月、日。

9. 见证取样和送检见证人姓名：填写见证人员的全名。

10. 见证取样和送检见证人技术职称/职务：填写见证人员的专业技术职称或职务，如工程师、技术员等。

11. 见证取样和送检见证人联系电话：填写见证取样和送检见证人的联系电话，以便在需要时联系。

12. 见证取样和送检见证人本人签字：见证人员需在此处亲笔签名，以确认其身份和职责。

13. 备注：如有其他需要说明的事项，可在备注栏中填写。

14. 注：本部分说明了表格的份数及使用范围。表格一式三份，其中项目监理单位、施工单位和试验单位各一份。

4.6 见证取样检测委托单

见证取样检测委托单

工程名称：_____ 　　　　　编号：_____

样品名称		使用部位	
样品规格		取样部位	
产地（生产厂家）		样品数量	
合格证号		代表数量	
委托检测单位		委托日期	年　月　日
检测报告统一编号			
检测内容及要求			
备注			
见证取样和送检印章			
签字人	取样人	见证人	收样人

注：本表一式三份，项目监理单位一份，施工单位一份，检测单位一份。

"见证取样检测委托单"填表说明

1. 工程名称：填写本次工程的名称。

2. 编号：填写本次工程的资料编号，该编号通常是根据相关规定编制的。

3. 样品名称：填写送检材料的名称。

4. 使用部位：填写送检材料使用的具体位置。

5. 样品规格：根据送检材料的实际情况填写。

6. 取样部位：填写取样时的具体位置。

7. 产地（生产厂家）：填写送检材料的产地或生产厂家。

8. 样品数量：填写送检材料的数量，需与实际送检数量一致。

9. 合格证号：填写生产厂商或相关机构为产品颁发的合格证明文件的编号。

10. 代表数量：填写送检样品所代表的实际材料或产品的数量。

11. 委托检测单位：填写检测单位全称，需与单位公章一致。

12. 委托日期：填写委托检测的具体日期。

13. 检测报告统一编号：填写应遵循唯一性、时效性和结构化的原则，可包含机构名称缩写、年代号、流水号等关键要素，实际编号应根据检测机构的实际情况和需要进行填写或调整。

14. 检测内容及要求：填写需要进行检测的具体项目或指标，并注明具体的检测方法和标准。同时，还需注意与合同或规范保持一致，关注特殊要求，并与检测单位进行沟通，以确保填写的准确性和可行性。

15. 备注：如有其他需要说明的事项，可在备注栏中填写。

16. 见证取样和送检印章：加盖见证取样和送检印章。

17. 签字人：填写取样人员、见证人员和收样人员的姓名，并由其本人签字确认。

18. 注：本部分说明了表格的份数及使用范围。表格一式三份，其中项目监理单位、施工单位和检测单位各一份。

4.7 砌体/混凝土检验批验收认可通知

砌体/混凝土检验批验收认可通知

工程名称：_____ 　　　　编号：_____

> 致：_____（施工单位）
>
> 　　你单位补报的第_____号_____部位□砌体/□混凝土强度试验报告及其原验收资料已于____年____月____日收到，经审查，认为□符合/□不符合要求，经检验批质量□合格/□不合格。
>
>
> 　　附件：1. 砌体/混凝土强度试验报告
>
> 　　　　　2. 检验批原验收资料
>
>
>
>
>
>
>
>
>
>
>
>
>
>
> 　　　　　　　　　　监理单位（公章）：_____
>
> 　　　　　　　专业监理工程师（签字）：_____
>
> 　　　　　　　　　　　　　　日期：_____年_____月_____日

注：本表一式三份，项目监理单位一份，施工单位一份，建设单位一份。

"砌体/混凝土检验批验收认可通知" 填表说明

1. 工程名称：填写本次工程的名称。

2. 编号：填写本次工程的资料编号，该编号通常是根据相关规定编制的。

3. 施工单位：填写承包该工程施工的施工单位名称。

4. 第__号：填写报告及其原验收资料的号单码。

5. 部位：填写需要审查的砌体/混凝土检验批的具体部位。

6. 审查结果：对定性项目勾选"符合要求"或"不符合要求"，对定量项目勾选"合格"或"不合格"。

7. 资料收到日期：填写报告及其原验收资料收到的具体日期，包括年、月、日。

8. 监理单位（公章）：监理单位在此处盖章，表示其同意本次验收认可。

9. 专业监理工程师（签字）：专业监理工程师在此处签字，签字要签写完整，不可写简称。

10. 日期：填写签字日期，包括年、月、日。

11. 注：本部分说明了表格的份数及使用范围。表格一式三份，其中项目监理单位、施工单位和建设单位各一份。

4.8 不合格项处置记录

不合格项处置记录

工程名称：＿＿＿＿＿＿＿＿＿＿＿＿＿＿＿　　　　　　编号：＿＿＿＿＿＿＿

发生地点		日期	
不合格项部位		不合格项内容	

致：＿＿＿＿＿＿＿＿＿＿＿＿＿＿＿＿＿＿＿（施工单位）

　　你单位在＿＿＿＿＿＿＿＿施工中，发生□严重/□一般不合格项，请及时采取措施整改，整改后报我方验收合格方可进行下一工序的施工。

　　　　　　　　　　　　　监理单位（公章）：＿＿＿＿＿＿＿＿＿＿＿

　　　　　　　　　　总/专业监理工程师（签字）：＿＿＿＿＿＿＿＿＿＿＿

　　　　　　　　　　　　　　　　日期：＿＿＿＿年＿＿＿＿月＿＿＿＿日

致：＿＿＿＿＿＿＿＿＿＿＿＿＿＿＿＿＿＿＿（监理单位）

　　根据你方指示，我方已完成整改，请予以验收。

　　　　　　　　　　　　　施工单位（公章）：＿＿＿＿＿＿＿＿＿＿＿

　　　　　　　　　　　　项目经理（签字）：＿＿＿＿＿＿＿＿＿＿＿

　　　　　　　　　　　　　　　　日期：＿＿＿＿年＿＿＿＿月＿＿＿＿日

整改结论：

　　　　　　　　　　　　监理单位（公章）：＿＿＿＿＿＿＿＿＿＿＿

　　　　　　　　　总/专业监理工程师（签字）：＿＿＿＿＿＿＿＿＿＿＿

　　　　　　　　　　　　　　　日期：＿＿＿＿年＿＿＿＿月＿＿＿＿日

注：本表一式三份，项目监理单位一份，施工单位一份，建设单位一份。

"不合格项处置记录"填表说明

1. 工程名称：填写本次工程的名称。

2. 编号：填写本次工程的资料编号，该编号通常是根据相关规定编制的。

3. 发生地点：填写不合格项发生的具体地点。

4. 日期：填写不合格项发生的具体日期，包括年、月、日。

5. 不合格项部位：填写不合格项发生的具体部位。

6. 不合格项内容：填写不合格项的具体内容。

7. 施工单位：填写承包该工程施工的施工单位名称。

8. 施工情况：填写施工情况，并勾选不合格项级别。其中，"严重"不合格项是指检验批主控项目不合格情况，"一般"不合格项是指检验批一般项目不合格情况。当发生严重不合格项时，在"严重"选择框处画钩；当发生一般不合格项时，在"一般"选择框处画钩。

9. 监理单位（公章）：监理单位在此处盖章，表示其同意本次不合格项处置记录。

10. 总/专业监理工程师（签字）：总/专业监理工程师在此处签字，签字要签写完整，不可写简称。

11. 日期：填写签字日期，包括年、月、日。

12. 监理单位：填写监理单位名称。

13. 施工单位（公章）：施工单位在此处盖章，表示其同意已整改完成本次不合格项处置。

14. 项目经理（签字）：项目经理在此处签字，签字要签写完整，不可写简称。

15. 日期：填写签字日期，包括年、月、日。

16. 整改结论处监理单位（公章）：监理单位在此处盖章，表示其同意本次整改完成。

17. 整改结论处总/专业监理工程师（签字）：总/专业监理工程师在此处签字，签字要签写完整，不可写简称。

18. 整改结论处日期：填写签字日期，包括年、月、日。

19.注：本部分说明了表格的份数及使用范围。表格一式三份，其中项目监理单位、施工单位和建设单位各一份。

4.9 工程质量整改通知

工程质量整改通知

工程名称：＿＿＿＿＿＿＿＿＿＿＿＿　　　　　　编号：＿＿＿＿＿＿

致：＿＿＿＿＿＿＿＿＿＿＿＿＿＿＿（施工单位）

　　经试验/检验表明＿＿＿＿＿＿＿部位，不符合＿＿＿＿＿＿＿＿＿＿

规定，先通知你方，要求：

　　　　　　　　　　　　　　　监理单位（公章）：＿＿＿＿＿＿＿＿＿

　　　　　　　　　　　总/专业监理工程师（签字）：＿＿＿＿＿＿＿＿＿

　　　　　　　　　　　　　　　　　日期：＿＿＿年＿＿＿月＿＿＿日

注：本表一式三份，项目监理单位一份，施工单位一份，建设单位一份。

"工程质量整改通知"填表说明

1. 工程名称：填写本次工程的名称。

2. 编号：填写本次工程的资料编号，该编号通常是根据相关规定编制的。

3. 施工单位：填写承包该工程施工的施工单位名称。

4. 部位：填写需要整改的具体部位。

5. 规定：填写不符合的具体规定。

6. 要求：列出需要整改的具体要求。

7. 监理单位（公章）：监理单位在此处盖章，表示其同意本次整改通知。

8. 总/专业监理工程师（签字）：总/专业监理工程师在此处签字，签字要签写完整，不可写简称。

9. 日期：填写签字日期，包括年、月、日。

10. 施工单位应按照整改通知要求整改，并必须向监理单位作出回复，否则将按照项目管理相关制度执行处罚。

11. 注：本部分说明了表格的份数及使用范围。表格一式三份，其中项目监理单位、施工单位和建设单位各一份。

第 5 章 造价控制资料

5.1 造价控制资料概述

监理造价控制资料是监理工作中的重要组成部分，它涉及工程投资的有效控制和合理使用。

1. 造价控制的依据

造价控制的依据主要包括施工承包合同文件，这些文件详细规定了合同条款、工程量清单、补遗书及其说明、合同图纸、合同协议书以及承包人的承诺书等。这些文件为监理在造价控制过程中提供了明确的指导和依据。

2. 造价控制的原则

（1）总体控制原则。总体控制、重点把握、周计量、月汇总、完工结算、交工结账。对应的记录包括清单核算成果表、中间计量单、月计量汇总表、分项完工结算单和交工结账单。

（2）合同原则。费用控制必须依据合同文件规定的内容、方法、程序进行。

（3）技术原则。优选合理的施工和处理方案，降低技术成本。

3. 造价控制的方法

（1）建立计量支付管理工作体系。

（2）准确核算工程量清单。依据合同文件规定的计量方法和合同图纸，对工程量清单进行准确核算，并分解到每个分项工程。

（3）建立专门控制台账。对于清单外或需要现场确认的数量，由建设单位、监理单位和施工单位三方联测，并建立专门控制台账。

（4）执行监理人员分级审核制度。在地质情况复杂的项目中，优化施工方案，严格计量变更工作量，确定合理单价。

4. 监理造价控制资料

在造价控制过程中，监理需要编制和整理一系列资料，例如总监理工程师根据审核结果签署工程款/进度款支付证书。同时，还需要关注其他与造价控制密切相关的监理资料，例如工程索赔资料，用于处理工程索赔事宜。

综上所述，监理造价控制资料是工程监理工作中的重要组成部分，它涉及工程投资的有效控制和合理使用。监理人员需要严格按照相关依据和原则进行造价控制，并编制和整理一系列资料来记录和反映造价控制的过程和结果。

5.2 工程款／进度款支付证书

工程款／进度款支付证书

工程名称：＿＿＿＿＿＿＿＿＿＿＿＿　　　　　编号：＿＿＿＿＿＿

致：＿＿＿＿＿＿＿＿＿＿＿＿＿＿＿（建设单位） 　　根据施工合同的约定，经审核施工单位的付款申请和报表，并扣除有关款项，同意本期支付工程款/进度款共（大写）＿＿＿＿＿＿（小写＿＿＿＿＿＿），请按合同约定及时付款。 　　其中： 　　1. 施工单位申请款为： 　　2. 经审核施工单位应得款为： 　　3. 本期应扣款为： 　　4. 本期应付款为： 附件： 　　1. 施工单位的工程付款申请表及附件 　　2. 项目监理机构审查记录 　　　　　　　　　　专业监理工程师（签字）：＿＿＿＿＿＿＿＿ 　　　　　　　　　　　　　　　日期：＿＿＿年＿＿＿月＿＿＿日
审核意见：   　　　　　　　　　　　　监理单位（公章）：＿＿＿＿＿＿＿＿ 　　　　　　　　　　　　总监理工程师（签字）：＿＿＿＿＿＿＿＿ 　　　　　　　　　　　　　　　日期：＿＿＿年＿＿＿月＿＿＿日

注：本表一式三份，项目监理单位一份，施工单位一份，建设单位一份。

"工程款／进度款支付证书"填表说明

1. 工程名称：填写本次工程的名称。

2. 编号：填写本次工程的资料编号，该编号通常是根据相关规定编制的。

3. 建设单位：填写建设单位名称。

4. 支付金额大写：填写本期应付款项的大写金额，用于正式文件和财务凭证中。

5. 支付金额小写：填写本期应付款项的小写金额，便于计算和核对。

6. 施工单位申请款：填写金额应与施工单位提交的工程进度款申请表中的金额一致，应确保金额准确无误。

7. 经审核施工单位应得款：填写监理单位根据现场实际进度、增减工程量以及合同约定，对施工单位提交的工程进度款申请进行审核后，得出的本期应支付给承包单位的款项金额。应确保金额经过严格审核，且与监理机构的审查记录相符。

8. 本期应扣款：填写根据施工合同约定应扣除的预付款、质保金、违约金等款项的总和，确保扣款项目与合同条款一致、扣款金额准确无误。

9. 本期应付款：填写经监理机构审核后，施工单位应得的工程款减去本期应扣款后的余额，应付款项需经过严格审核，确保与施工单位提交的工程进度款申请相符，并扣除必要的款项。

10. 附件：包括施工单位提交的工程进度款申请表及附件、监理机构的审查记录等，确保附件齐全、完整，能够支持监理机构的审核意见。

11. 专业监理工程师（签字）：专业监理工程师在此处签字，签字要签写完整，不可写简称。

12. 日期：填写专业监理工程师签字日期，包括年、月、日。

13. 审核意见：填写总监理工程师对工程进度款支付的审核意见，包括是否同意支付、支付金额等。总监理工程师的意见应具有权威性，能够代表监理机构对工程进度款支付的最终决定。

14. 监理单位（公章）：监理单位在此处盖章，确保证书的法律效力。

15. 总监理工程师（签字）：总监理工程师在此处签字，签字要签写完整，不可写简称。

16. 日期：填写审核签字日期，包括年、月、日。

17. 在分部、分项工程或者按照施工合同付款条款完成相应工程的质量已通过监理工程师审核后，施工单位要求建设单位支付合同内项目及合同外项目的工程款时，填写此表向项目监理机构申报。

18. 注：本部分说明了表格的份数及使用范围。表格一式三份，其中项目监理单位签署后自留一份，报建设单位一份，返施工单位一份，即项目监理单位、施工单位和建设单位各一份。

5.3 费用索赔审批表

费用索赔审批表

工程名称：_____   编号：_____

致：_____（施工单位）

根据施工合同条款_____条的规定，你方提出的费用索赔申请（第_____号），索赔金额（大写）_____。经我方审核评估：

□不同意此项索赔。

□同意此项索赔，金额为（大写）：_____。

同意/不同意索赔的理由：

索赔金额的计算：

监理单位（公章）：_____

总监理工程师（签字）：_____

日期：_____年_____月_____日

注：本表一式三份，项目监理单位一份，施工单位一份，建设单位一份。

"费用索赔审批表"填表说明

1. 工程名称：填写本次工程的名称。

2. 编号：填写本次工程的资料编号，该编号通常是根据相关规定编制的。

3. 施工单位：填写获得该工程施工合同的承包商的名称。

4. 合同条款规定：填写符合的合同条款。

5. 索赔申请编号：如果施工单位在提交索赔申请时已有编号，则在此处填写该编号。

6. 索赔金额：填写施工单位申请的索赔金额，注意使用大写数字，并确保金额准确无误。

7. 评估结果：选择"不同意此项索赔"或"同意此项索赔"。如果选择同意，还需填写同意的索赔金额。

8. 同意/不同意索赔的理由：详细阐述项目监理单位同意或不同意索赔的具体理由，包括但不限于索赔理由的合理性、证明材料的充分性、索赔金额的计算依据等。

9. 索赔金额的计算：如果同意索赔，项目监理单位应在此处填写索赔金额的具体计算过程和结果，以证明索赔金额的合理性。

10. 监理单位（公章）：监理单位在此处盖章。

11. 总监理工程师（签字）：总监理工程师在此处签字，签字要签写完整，不可写简称。

12. 日期：填写签字日期，包括年、月、日。

13. 注：本部分说明了表格的份数及使用范围，表格一式三份，其中项目监理单位、施工单位和建设单位各一份。

第6章 竣工管理资料

6.1 竣工管理资料概述

监理竣工管理资料是项目竣工阶段的重要文档，它记录了监理单位在工程项目实施过程中的监督、管理和控制活动。

1. 基本合同与规划文件

（1）监理委托合同。明确监理单位与建设单位之间的权利、义务和责任，是监理单位开展工作的法律依据。

（2）监理规划。监理单位根据工程项目的特点、规模和建设单位的要求制订的全面、系统的监理工作计划。

（3）监理实施细则。针对工程项目的各个专业或阶段制订的具体、详细的监理实施计划。

2. 施工过程中的监理文件

（1）工程开工审批表及开工报告。记录工程开工前的各项准备工作和审批情况。

（2）施工组织设计和施工方案报审表。施工单位提交的施工组织设计和施工方案，以及监理单位的审查意见。

（3）分包单位资格报审表。分包单位的资质证明文件和监理单位的审查意见。

（4）工程暂停令及复工审批表。记录工程暂停和复工的原因、时间及审批情况。

（5）监理工程师通知单及回复单。监理单位在监理过程中发出的通知单及施工单位的回复单。

（6）工程变更单。记录工程变更的原因、内容、审批及实施情况。

3. 质量控制文件

（1）检验批、分项、分部工程报验申请表及验收记录。记录各检验批、分项、分部工程的质量验收情况。

（2）隐蔽工程报验申请表及验收记录。记录隐蔽工程的质量验收情况。

（3）工程质量评价意见报告。监理单位对工程项目的质量评价意见。

4. 进度控制文件

（1）工程进度计划报审表。施工单位提交的工程进度计划，以及监理单位的审查意见。

（2）工程延期申请表及审批表。记录工程延期的原因、时间及审批情况。

5. 造价控制文件

（1）工程款支付申请表及支付证书。记录工程款的支付申请、审批及支付情况。

（2）费用索赔申请表及审批表。记录费用索赔的原因、金额、审批及实施情况。

6. 安全与环保文件

（1）安全监理细则。监理单位制订的安全监理工作计划和措施。

（2）安全事故报告及处理意见。记录安全事故的发生、处理及整改情况。

（3）环保监理文件。记录环保监理工作的实施情况和环保问题的处理情况。

7. 竣工验收文件

（1）工程竣工报验单及竣工验收申请报告。施工单位提交的工程竣工报验单和竣工验收申请报告。

（2）工程质量竣工验收记录表。记录工程质量的竣工验收情况。

（3）竣工决算审核意见书。监理单位对竣工决算的审核意见。

8. 其他文件

（1）监理月报。监理单位每月提交的监理工作总结和计划。

（2）监理例会纪要。记录监理例会的召开情况、讨论内容及决定事项。

（3）监理工作总结。监理单位对整个监理工作的总结和反思。

（4）往来函件。监理单位与建设单位、施工单位之间的重要来往函件。

这些文件共同构成了监理竣工管理资料的完整体系，为项目的顺利竣工和后续维护提供了重要的参考依据。

6.2 监理资料移交书

监理资料移交书

工程名称：＿＿＿＿＿＿＿＿＿＿＿＿＿＿　　　　　　编号：＿＿＿＿＿＿＿

致：＿＿＿＿＿＿＿＿＿＿＿＿＿＿＿＿（建设单位）

＿＿＿＿＿＿＿＿＿＿＿＿项目监理资料，经我单位自查验收，符合有关规定，现移交给贵方，请予以审查、接收。共计＿＿＿＿＿＿册。

附件：

1. 监理资料移交目录

2. 监理资料整理归档文件

监理单位（公章）：　　　　　　建设单位（公章）：

法定代表人（签字）：　　　　　法定代表人（签字）：

总监理工程师（签字）：　　　　技术负责人（签字）：

移交人（签字）：　　　　　　　接收人（签字）：

移交日期：＿＿＿＿年＿＿＿＿月＿＿＿＿日

"监理资料移交书"填表说明

1. 工程名称：填写本次工程的名称。

2. 编号：填写本次工程的资料编号，该编号通常是根据相关规定编制的。

3. 建设单位：填写建设单位名称。

4. 项目名称：填写具体项目名称。

5. 册数：填写具体监理资料册数。

6. 监理单位（公章）：监理单位在此处盖章。

7. 监理单位法定代表人（签字）：监理单位法定代表人在此处签字，签字要签写完整，不可写简称。

8. 总监理工程师（签字）：总监理工程师在此处签字，签字要签写完整，不可写简称。

9. 移交人签字：监理单位移交人在此处签字，签字要签写完整，不可写简称。

10. 建设单位（公章）：建设单位在此处盖章。

11. 建设单位法定代表人（签字）：建设单位法定代表人在此处签字，签字要签写完整，不可写简称。

12. 建设单位技术负责人（签字）：建设单位技术负责人在此处签字，签字要签写完整，不可写简称。

13. 接收人签字：建设单位接收人在此处签字，签字要签写完整，不可写简称。

14. 移交日期：填写移交日期，包括年、月、日。

15. 工程竣工验收后，监理单位应及时将工程监理资料整理归档后向建设单位移交，并办理工程监理移交手续。该表为矿山环境恢复治理工程监理资料移交专用表格。

第7章　监理资料的影像集

工程影像资料作为记录施工过程的关键媒体，既为建设单位、监理单位和施工单位提供反映工作状况和工程质量的关键资料，也为工程签认、计量和变更提供关键依据，其关键性不言而喻。为提高项目建设管理和工程质量水平，促进项目建设管理的标准化、科学化和规范化，在项目建设过程中，相关单位应注意收集和整理工程影像资料。

1. 影像资料的特性

（1）具有直观性和及时性。项目的进度、质量、工程缺陷的整改以及安全文明情况等一目了然，使业主、施工单位、监理单位都能够直观、及时地掌握工程的进展和质量状态。

（2）长期保存、简易操作。影像资料一般都以刻录光盘、电子照片等文件格式保存，操作简单，便于长期保存。

（3）对比性和可追溯性。对于工程缺陷整改、质量和安全事故的调查，通过影像资料可以将整改前后、事故发生前后过程进行对比和追溯，从而确认整改效果和事故原因。

（4）作为项目管理工作的一种重要手段。在上报工程变更或索赔时能对所述事项进行详细描述并附有影像资料或照片，其反映的内容更具有真实性、权威性。当与业主发生有关索赔、反索赔争议时，影像资料就可成为最有力的证据。

监理影像资料是整个工程影像资料的一部分，能够体现工程项目"强化验收"的原则，反映工程质量验收资料和现场实物质量的一致性。监理影像资料应从项目监理进场初始状况开始，到各项方案专家讨论会、工地会议、项目开工，及项目各施工工序的开展，以时间先后顺序，分别进行拍摄，并进行编辑、整理、归档等工作。

2. 监理影像资料的拍摄要求

拍摄影像资料的目的是反映工程经过、确认工程使用的材料、确认质量管理状况，同时可以作为解决问题时的资料和证据。

拍摄影像资料的总体要求：①全景拍摄适合描述整体概况，如原始状态、模板支架支撑、管道铺设后的全景、竣工时全貌等。②局部拍摄适合描述细部或个体情况，比如基坑开挖尺寸、节点钢筋布置、预埋构件，或者突出反映个体情况等。③为正确表示被拍摄对象的形状、尺寸，采用卷尺（塔尺）附加拍摄，比如树坑深度、苗木直径、钢筋直径、钢筋网间距、回填厚度、结构平面尺寸等。④必须拍摄施工现场监理工程师对工程质量的抽检、旁站、巡视等。

拍摄影像资料要分类建立，各类影像资料反映相应的内容及具体要求：

（1）拍摄基槽开挖、基础砌筑、基槽回填的影像资料的目的是标识基坑开挖方法、基底土质情况、基础结构施工方法和质量情况，内容应包括基坑开挖使用设备、基坑边坡坡度、地基土质情况、基础施工过程质量控制、基础结构的外观、基坑回填施工前后情况等。

（2）拍摄原始状态主要反映原始地形地貌，包括原有危岩、建筑物的位置、形状，沿线河塘位置、走向，河面河底标高和护坡类型，地上地下管线布置、走向，原有周边道路状况等。拍摄原始状态时，应当有全景与细部照片，必要时可以拍摄视频，并标注相应的内容解释。

（3）拍摄隐蔽工程主要反映基坑开挖至设计标高时的地基土质情况，以及地基处理前后的状况。拍摄时应记录相应的初始状态、施工过程状态和完工状态。

（4）拍摄材料和机械设备主要反映土源、苗木、钢材钢筋等原材料，挖机、铲车等设备的型号、数量。拍摄时应配有完整的材料注释标牌、文明施工牌、安全防护牌，并且安全防护措施必须到位。

（5）拍摄施工过程主要反映工程施工各环节、各工序中的人员、机械配置情况，主要施工方法，特殊情况的处理等，尤其要重视影响工程造价、进度、质量的因素及安全隐患等。此部分是影像资料的重点，拍摄时要求施工人员、劳务班组人员等必须整齐穿戴安全帽（帽带必须扣牢）、工作服。

（6）拍摄施工质量、安全控制主要反映质量和安全问题整改前后的情况，重点是关键部位、关键工序和隐蔽工程的质量控制情况以及安全隐患的控制情况。拍摄此部分内容时，关键部位、关键工序和隐蔽工程必须有完整的能反映施工内容各状态的照片。

（7）拍摄文明施工内容必须包含整洁的项目部各办公室、民工宿舍、会议室、旗帜旗台、大门及维护设施、各类标牌等。

3. 监理影像资料的整理、归档要求

项目部对影像资料集中统一管理，影像资料拍摄后，应设专人及时进行整理、保存。整理时可利用软件对照片、电子文件进行标注、排序、附加说明，如日期、部位、尺寸、施工情况、施工状况等。对于质量整改部分，应将处理前、整改后的照片集中、比对，说明处理结果或整改效果。工程完工后，监理单位应将照片资料按照工程类别、工程部位、施工工序、施工时间进行分类汇总。

影像资料归档时，要同时将文字说明进行归档。文字说明要充分体现时间、地点、人物（包括人物的位置、职务等）、事由、背景、摄影者等六要素，确切地反映照片的内容。反映同一事物的一组照片，根据其重要程度结合其时间顺序排列。定期做好备份工作。

第 8 章　监理资料的整理和归档

监理资料整理和归档是监理工作中不可或缺的一环，它涉及工程实施过程中的各种文件和资料，是监理工作的记录和凭证。

1. 监理资料的管理

（1）基本要求。监理资料必须及时整理、真实完整、分类有序，这是保证监理工作质量和效率的基础。

（2）责任分工。监理资料的管理应由总监理工程师负责，并指定专人具体实施。总监理工程师作为项目监理部的总负责人，应确保资料的完整性和准确性。

（3）归档时间。监理资料应在各阶段监理工作结束后及时整理归档，以便后续查阅和使用。

（4）编制及保存。监理档案的编制及保存应按有关规定执行，确保资料的合规性和安全性。

2. 监理资料的内容

监理资料的内容涵盖了工程实施过程中的各个方面，包括但不限于以下几项：

（1）施工合同文件及委托监理合同，这是监理工作的基础文件，明确了双方的权利和义务。

（2）勘查设计文件包括地质勘查报告、设计图纸等，是工程施工的重要依据。

（3）监理规划及实施细则详细阐述了监理工作的目标、方法、程序等，是监理工作的指导性文件。

（4）施工组织设计（方案）报审表是施工单位提交的施工组织设计和方案，经监理审核后作为施工依据。

（5）工程开工、复工及暂停令记录了工程的开工、复工和暂停情况，是工程进度控制的重要文件。

（6）主要施工机械设备报审资料是施工单位提交的主要施工机械设备的报审

资料，确保设备符合施工要求。

（7）材料、构配件、主要工程设备选型的报审表记录了建筑材料、构配件和设备的选型情况，确保质量符合要求。

（8）检查试验资料包括各种材料的试验报告、检测记录等，是质量控制的重要依据。

（9）工程变更资料记录了工程变更的情况和原因，是工程结算和验收的重要依据。

（10）隐蔽、检验批验收记录表记录了隐蔽工程和检验批的验收情况，是工程质量验收的重要文件。

（11）监理日志、监理月报详细记录了监理工作的日常情况和月度总结，是监理工作的重要记录。

（12）质量缺陷和质量事故的处理文件记录了质量缺陷和质量事故的处理过程和结果，是工程质量控制的重要文件。

（13）竣工结算审核意见书记录了工程竣工结算的审核情况和结果，是工程结算的重要依据。

3. 监理资料的归档

监理资料应由监理单位负责整理归档，并移交给建设单位。监理资料归档的范围包括与监理单位相关的所有文件资料，如监理合同、监理规划、监理实施细则、监理日志、监理月报、质量控制文件、验收文件等。

归档要求如下：

（1）监理资料应按单位工程及施工时间顺序分类、编目、立卷、归档。

（2）案卷装具应采用统一无酸纸卷盒，盒内应有资料目录。

（3）归档资料应真实、完整、准确，反映监理活动和工程实际状况。

（4）归档资料应手续完备，符合《建设工程文件归档规范》（GB/T 50328—2019）等相关规定。

4. 注意事项

（1）定期督促检查。监理应定期督促检查各施工单位的工程资料管理情况，发现问题及时纠正。

（2）联合检查。监理应联合业主档案管理人员定期对各施工单位的档案整理情况进行检查，并进行月考核打分。

（3）会议制度。监理应会同业主每月按时召开档案管理专项会议，汇报档案完成情况、计划安排及整改情况等。

（4）培训学习。定期组织监理中心内部员工进行档案学习培训，提高兼职档案员业务水平。

综上所述，监理资料整理和归档是监理工作中的重要环节，它涉及工程实施过程中的各个方面和阶段。只有确保资料的及时整理、真实完整和分类有序，才能为工程质量控制、进度控制和投资控制提供有力的支持。

第9章 填写范例

9.1 总监理工程师任命书填写范例

总监理工程师任命书

工程名称：　　×××矿山生态环境综合治理项目　　　　　　编号：　××

致：　　　×××自然资源和规划局　　　（建设单位） 　　　兹任命　　　　×××　　　　（注册监理工程师注册号：　　×× 　）为我单位×××矿山生态环境综合治理　项目总监理工程师。负责履行建设工程监理合同、主持项目监理机构工作。   监理单位（公章）：　　　　　　　　　　 法定代表人（签字）：　　　×××　　　 日期：　××　年　××　月　××　日

注：本表一式三份，项目监理单位一份，施工单位一份，建设单位一份。

9.2 工程开工令填写范例

工程开工令

工程名称：　__×××矿山生态环境综合治理项目__　　　编号：　__××__

致：　　　__×××工程有限公司__　　　（施工单位）

　　经审查，本工程已具备施工合同约定的开工条件，现同意你方开始施工，开工日期为__××__年__××__月__××__日。

　　附件：工程开工报审表

监理单位（公章）：_____

总监理工程师（签字）：_____×××_____

日期：__××__年__××__月__××__日

注：本表一式三份，项目监理单位一份，施工单位一份，建设单位一份。

9.3 监理会议纪要填写范例

监理会议纪要

工程名称：　×××矿山生态环境综合治理项目　　　编号：　××

会议主题	×××矿山生态环境综合治理项目议程安排				
会议时间	××年××月××日上午 9：00—11：00	会议地点	项目部办公室		
组织方	监理单位	主持人	×××	记录人	×××
参会方	单位名称	参加人员（签字）			
监理方	×××工程监理公司	×××	×××	×××	×××
施工方	×××工程有限公司	×××	×××	×××	×××
建设方	×××自然资源和规划局	×××	×××	×××	×××
……	……	……			
会议内容	一、上次会议决议落实情况：由监理单位针对上次会议纪要询问与会各方完成落实情况，并记录。 二、施工单位：总结上周工程情况，介绍本周工程计划，均需描述安全、质量、进度及需协调问题等。 三、监理单位：总结上周工程情况，并对工程安全、质量、进度及需协调问题等提出监理要求。 四、建设单位：由各负责工程师（含工程总监）回复施工协调问题、评述，并提要求。 五、会议决议：对照上述问题总结并形成决议。				
签发机构	×××工程监理公司	签发日期	××年××月××日		
签收机构	×××工程有限公司/×××自然资源和规划局	签收日期	××年××月××日		

注：本表所有参会单位各一份。

9.4 监理日志填写范例

监理日志

工程名称：　　×××矿山生态环境综合治理项目　　　　编号：　××

监理日期	××年××月××日	星期	星期×
当日风力	当日气温	天气状况	记录人
东南风 1～2 级	12℃/1℃	晴	×××
监理人员	×××、×××		

施工情况：

　　工程进展：×××矿区绿化苗木种植，如葛藤、爬山虎、椿树、松柏、榆树；三台钩机机械凿岩；一台小型挖掘机堆土。

　　现场工人：五人种植，四人开机器。

监理工作情况：

　　（1）进行现场巡视；

　　（2）原材料钢筋品种、强度等级混杂不清，现场与施工单位沟通，要求其整改到位，并予以复核后进行签证；

　　（3）要求施工单位在施工处设置警示牌、安全标志等。

文件、会议及其他：

　　今日有××市×××局×××领导来检查工作，对工程整体比较满意。

注：本表一式三份，项目监理单位一份，施工单位一份，建设单位一份。

9.5 工作联系单填写范例

工作联系单

工程名称： ___×××矿山生态环境综合治理项目___ 　　　编号： __××__

致： _____×××工程有限公司_____ （单位）

事由：

　　安全问题。

内容：

　　在70°边坡治理施工处，挡墙正在进行基槽开挖，部分基槽开挖已成形，经监理现场检查发现以下问题：

　　1. 基槽开挖较深，危险处作支护处理；

　　2. B1段挡墙基槽开挖已成形，造成一侧堆土过高，存在安全隐患；

　　3. 施工临时用电接线随意拖地，存在安全隐患。

　　请施工单位及时处理，消除安全隐患。

　　　　　　　　　　　　　监理单位（公章）： _____

　　　　　　　　　　　　　总监理工程师（签字）： _____×××_____

　　　　　　　　　　　　　日期： ___××___年___××___月___××___日

注：本表一式两份，项目监理单位一份，接收单位一份。

9.6 监理工程师通知单填写范例

监理工程师通知单

工程名称：　__×××矿山生态环境综合治理项目__　　　　编号：__×× __

致：　_____×××工程有限公司_____　（单位）

事由：

　　关于施工现场存在的安全隐患问题。

内容：

　　监理人员巡视发现以下质量问题：

　　1. 施工现场多人未佩戴安全帽；

　　2. 生活区、办公区照明线路未设置安全电压；

　　3. 施工现场及生活区消防器械数目过少。

　　针对上述安全隐患问题，望贵工程部负责人增强施工现场安全管理工作，对施工人员做好安全交底工作。对于出现的安全问题，限三天以内整顿落实并报监理复查。

监理单位（公章）：_____

总监理工程师（签字）：_____×××_____

日期：__××__年__××__月__××__日

注：本表一式三份，项目监理单位一份，施工单位一份，建设单位一份。

9.7 工程返工令填写范例

工程返工令

工程名称： ×××矿山生态环境综合治理项目 　　　编号： ××

致： ×××工程有限公司 （施工单位）

　　由于本指令单所述原因，通知你单位×××矿山生态环境综合治理项目按下述要求予以返工，并确保本返工工程项目工程质量达到合格标准。

监理单位（公章）：

总监理工程师（签字）： ×××

日期： ×× 年 ×× 月 ×× 日

返工原因	□施工质量经检验不合格 　　□由于设计文件修改 □未按设计文件要求施工 　　□属于工程或合同变更 ☑使用了不合格的材料（设备）□其他：
返工要求	□拆除 　　☑更换材料 　　□更换设备 □修补缺陷 　　□另行更换合格的施工队伍施工 □由业主指定施工队伍施工 　　□其他：
整改期限	三个月
返工结果	
附注	☑返工所发生的费用由施工单位承担 □返工所发生的费用可另行申报 □其他：

注：本表一式三份，项目监理单位一份，施工单位一份，建设单位一份。

9.8　工程暂停令填写范例

工程暂停令

工程名称：　　×××矿山生态环境综合治理项目　　　　编号：　××

致：　　　　×××工程有限公司　　　　（施工单位）

由于 现场检查发现施工区域未按照《安全生产法》及本项目安全施工方案的 要求设置明显的安全警示标志，存在严重的安全隐患，可能危及施工人员及周边 群众的生命财产安全原因，现通知你方必须于　×× 年　×× 月　×× 日 ×× 时起，对本工程的 所有正在施工的 部位（工序）实施暂停施工，并按下 述要求做好各项工作：

1. 立即停止施工：自接到本暂停令之日起，施工单位应立即停止所有部位的 施工活动，确保现场安全。

2. 设置安全警示标志：施工单位需立即组织人员在施工区域的显眼位置设置 明显的安全警示标志，包括但不限于施工区域标识、危险区域警示、安全出口指 示等，确保所有进入施工区域的人员能够清晰识别并遵守安全规定。

3. 开展安全教育培训：施工单位应组织全体施工人员进行安全教育培训，重 点讲解安全警示标志的设置意义、识别方法及遵守安全规定的重要性，提高施工 人员的安全意识和自我保护能力。

4. 全面安全检查：施工单位需对施工区域进行全面的安全检查，排查并消除 所有安全隐患，确保施工活动在安全的条件下进行。

5. 提交整改报告：整改完成后，施工单位需向监理单位提交书面整改报告， 详细说明整改措施的实施情况、整改效果及后续安全管理计划。

6. 申请复工：整改报告经监理单位审核通过后，施工单位可向监理单位提交 书面复工申请，并附上整改报告及验收合格证明等材料。

7. 配合检查与验收：监理单位将对整改情况进行检查与验收，施工单位应积 极配合，确保整改质量符合要求。

监理单位（公章）：_____

总监理工程师（签字）：_____×××_____

日期：____××____年____××____月____××____日

注：本表一式三份，项目监理单位一份，施工单位一份，建设单位一份。

9.9 工程复工令填写范例

工程复工令

工程名称：　__×××矿山生态环境综合治理项目__　　　　编号：__××__

致：_____×××工程有限公司_____（施工单位）

　　我方于__××__年__××__月__××__日__××__时收到你方发出的"工程复工报审表"。我方要求暂停对本工程的_所有正在施工的_部位（工序）的施工，经查已具备复工条件，经建设单位同意，现通知你方于_××_年_××_月××日__××__时起恢复施工。

　　　　　　　　　监理单位（公章）：_____

　　　　　　　　　总监理工程师（签字）：_____×××_____

　　　　　　　　　　　　日期：__××__年__××__月__××__日

注：本表一式三份，项目监理单位一份，施工单位一份，建设单位一份。

9.10 工程临时／最终延期审批表填写范例

工程临时／最终延期审批表

工程名称：　__×××矿山生态环境综合治理项目__　　　　编号：__××__

致：　__×××工程有限公司__　（施工单位）

　　根据施工合同条款__××__条的规定，我方对你方提出的×××矿山生态环境综合治理项目工程延期申请（第__××__号）要求延长工期__××__日历天的要求，经过审核评估：

　　☑暂时同意工期延长__××__日历天。竣工日期（包括已指令延长的工期）从原来的__××__年__××__月__××__日延迟到__××__年__××__月__××__日。请你方执行。

　　□不同意延长工期，请按约定竣工日期组织施工。

　　说明：根据你方提供的延期原因及我方的实际评估，我方同意延长工期。请你方在此延期期间，加快施工进度，确保工程质量和安全，同时作好相应的施工记录和报告。

　　　　　　　　　　　监理单位（公章）：_____

　　　　　　　　　　　总监理工程师（签字）：____×××____

　　　　　　　　　　　日期：__××__年__××__月__××__日

注：本表一式三份，项目监理单位一份，施工单位一份，建设单位一份。

9.11 旁站监理记录填写范例

旁站监理记录

工程名称： ×××矿山生态环境综合治理项目 编号： ××

日期	××年××月××日	天气	晴，微风

旁站监理的部位或检验批：植被恢复区域覆土绿化

旁站监理开始时间： ×× 时 ×× 分	旁站监理结束时间： ×× 时 ×× 分

施工情况：

    1.施工人员：工人 6 人，现场管理人员 2 人（质检员、施工员各 1 人）。

    2.施工机械：挖掘机 1 台（用于土壤翻耕），洒水车 1 台（用于土壤保湿）。

监理情况：

    1.人员到位情况：施工企业现场管理人员、施工人员已全部到位，且均持有相应的上岗证书。

    2.覆土：监督施工单位按照设计要求进行覆土。同时，检查土壤翻耕深度，确保土壤疏松透气。

    3.种植质量：检查种植树木的规格、品种和数量是否符合设计要求。监督施工人员按照正确的种植方法进行操作，包括挖穴、栽植、浇水、覆土等步骤。同时，要求施工人员注意保护树木根系，避免损伤。

    4.安全措施：检查施工现场的安全措施是否落实，包括设置安全警示标志、佩戴安全帽等防护用品等。

    5.环保要求：监督施工单位在施工过程中遵守环保要求，确保不产生扬尘、噪声等污染。同时，检查施工废弃物是否及时清理，避免对环境造成二次污染。

发现问题： 　　在覆土过程中，发现部分区域覆土厚度不够，影响绿化效果。
处理意见： 　　要求施工单位检查所有区域覆土厚度，确保覆土达到设计要求。
备注： 　　旁站监理人员全程监督施工过程，确保施工质量符合设计要求及施工规范。

施工质检员（签字）：××× 日期：×× 年 ×× 月 ×× 日	监理旁站员（签字）：××× 日期：×× 年 ×× 月 ×× 日

注：本表一式三份，项目监理单位一份，施工单位一份，建设单位一份。

9.12 监理巡视记录填写范例

监理巡视记录

工程名称：　×××矿山生态环境综合治理项目　　　编号：　××

地点	××市××区××矿山	日期	××年××月××日
巡视部位及施工情况简述： 　　巡视部位：施工现场安全警示标志、防护栏、废弃物堆放区等。 　　施工情况：施工现场已设置明显的安全警示标志和防护栏，施工人员均佩戴了安全帽等防护用品。废弃物堆放区已进行围挡，并进行了分类存放。			
巡视检查记录： 　　部分安全警示标志位置不够醒目；部分区域防护设施存在轻微损坏；废弃物堆放区需加强日常清理，避免造成环境污染。			
存在问题： 　　部分安全警示标志位置不够醒目，需加强设置；部分区域防护设施存在轻微损坏，需及时修复；施工现场部分区域材料堆放不够整齐。			
处理意见： 　　要求施工单位对损坏的防护设施进行修复，加强日常巡查和维护；加强施工现场管理，确保施工质量、进度和安全。 　　　　　　　　　　　监理单位（公章）：＿＿＿＿＿＿＿＿＿＿ 　　　　　　　　　　　总/专业监理工程师（签字）：＿＿×××＿＿ 　　　　　　　　　　　日期：＿××＿年＿××＿月＿××＿日			

注：本表一式三份，项目监理单位一份，施工单位一份，建设单位一份。

9.13 监理抽检记录填写范例

监理抽检记录

工程名称：　　×××矿山生态环境综合治理项目　　　　编号：　××

地点	××市××区××矿山	日期	××年××月××日
检查部位	覆土绿化区	检查项目	植被成活率
检查数量	抽检 500 株	检查结果	成活率 95%

处理意见：

植被成活率未达到 100%，要求施工单位对死亡植被进行补植，确保植被覆盖度和生态修复效果。

监理单位（公章）：_____

专业监理工程师（签字）：_____×××_____

日期：__××__年__××__月__××__日

总监理工程师（签字）：_____×××_____

日期：__××__年__××__月__××__日

注：本表一式三份，项目监理单位一份，施工单位一份，建设单位一份。

9.14 见证取样和送检见证人员授权书填写范例

见证取样和送检见证人员授权书

工程名称：　__×××矿山生态环境综合治理项目__　　　　编号：__××__

致：　_____×××工程有限公司_____　（施工单位）

　　　_____×××有限公司_____　（试验单位）

　　经研究决定授权__×××__同志为__×××矿山生态环境综合治理项目__工程见证取样和送检见证人，负责国家规定及施工质量验收规范定的原材料、构配件、成品、半成品器具、设备的见证取样和送样，请你单位予以认可，工作中核验其所持证件。

　　　　　　　　　　　　监理单位（公章）：_____

　　　　　　　　　　　　总监理工程师（签字）：_____×××_____

　　　　　　　　　　　　日期：__××__年__××__月__××__日

见证取样和送检见证人			
姓名	技术职称/职务	联系电话	本人签字
×××	×××/×××	1×××××××××	×××
×××	×××/×××	1×××××××××	×××
……	……	……	……
备注：			

注：本表一式三份，项目监理单位一份，施工单位一份，试验单位一份。

9.15 见证取样检测委托单填写范例

见证取样检测委托单

工程名称：___×××矿山生态环境综合治理项目___　　　编号：___××___

样品名称	水泥	使用部位	挡土墙
样品规格	矿渣硅酸盐水泥（A）型	取样部位	××市××区××矿山××分区施工现场
产地（生产厂家）	×××水泥厂	样品数量	25 kg
合格证号	×××××	代表数量	200 t
委托检测单位	×××有限公司	委托日期	××年××月××日
检测报告统一编号	×××		
检测内容及要求	1. 抗压强度：按照《通用硅酸盐水泥》（GB 175—2023）等相关标准，检测水泥的抗压强度。 2. 抗折强度：检测水泥的抗折强度，以评估其在使用过程中的抗弯曲能力。 3. 安定性：检测水泥的安定性，确保水泥在硬化过程中体积变化均匀，避免产生裂缝等问题。 4. 凝结时间：检测水泥的初凝和终凝时间，以控制施工进度和保证施工质量。 5. 细度：检测水泥的细度，确保水泥颗粒的均匀性，以提高水泥的活性。		
备注			
见证取样和送检印章			
签字人	取样人	见证人	收样人
	×××	×××	×××

注：本表一式三份，项目监理单位一份，施工单位一份，检测单位一份。

9.16 砌体/混凝土检验批验收认可通知填写范例

砌体/混凝土检验批验收认可通知

工程名称：　__×××矿山生态环境综合治理项目__　　　　编号：　__××__

致：　　　__×××工程有限公司__　　　（施工单位）

　　你单位补报的第__××__号__××市××区××矿山××分区挡土墙砌筑__部位☑砌体/☑混凝土强度试验报告及其原验收资料已于××年××月××日收到，经审查，认为☑符合/□不符合要求，经检验批质量☑合格/□不合格。

　　附件：1. 砌体/混凝土强度试验报告

　　　　　2. 检验批原验收资料

　　　　　　　　　　　　　监理单位（公章）：_____

　　　　　　　　　　专业监理工程师（签字）：_____×××_____

　　　　　　　　　　　　　　　　　日期：__××__年__××__月__××__日

注：本表一式三份，项目监理单位一份，施工单位一份，建设单位一份。

9.17 不合格项处置记录填写范例

不合格项处置记录

工程名称： ＿＿×××矿山生态环境综合治理项目＿＿ 　　　　编号：＿×× ＿

发生地点	××市××区 ××矿山	日期	××年××月××日
不合格项部位	排水沟修建区域	不合格项内容	排水沟未修建

致： ＿＿＿＿×××工程有限公司＿＿＿＿（施工单位）

　　你单位在＿排水沟修建区域＿施工中，发生□严重/☑一般不合格项，请及时采取措施整改，整改后报我方验收合格方可进行下一工序的施工。

　　　　　　　　　　监理单位（公章）：＿＿＿＿＿＿＿＿＿＿＿＿＿

　　　　　　　　　　总/专业监理工程师（签字）：＿＿＿×××＿＿＿

　　　　　　　　　　日期：＿××＿年＿××＿月＿××＿日

致： ＿＿＿＿＿×××监理有限公司＿＿＿＿＿（监理单位）

　　根据你方指示，我方已完成整改，请予以验收。

　　　　　　　　　　施工单位（公章）：＿＿＿＿＿＿＿＿＿＿＿＿＿

　　　　　　　　　　项目经理（签字）：＿＿＿＿×××＿＿＿＿

　　　　　　　　　　日期：＿××＿年＿××＿月＿××＿日

整改结论：

　　经过上述整改措施的实施，排水沟已按照设计要求修建完成，该矿山生态修复项目的不合格项已得到全面整改。整改后的项目质量符合设计要求，生态环境得到有效恢复。同时，为确保项目质量，将加强后续的质量监督和检查工作，确保项目长期稳定运行。

　　　　　　　　　　监理单位（公章）：＿＿＿＿＿＿＿＿＿＿＿＿＿

　　　　　　　　　　总/专业监理工程师（签字）：＿＿＿×××＿＿＿

　　　　　　　　　　日期：＿××＿年＿××＿月＿××＿日

注：本表一式三份，项目监理单位一份，施工单位一份，建设单位一份。

9.18 工程质量整改通知填写范例

工程质量整改通知

工程名称： ×××矿山生态环境综合治理项目 编号： ××

致： ×××工程有限公司 （施工单位） 　　经试验/检验表明 覆土绿化 部位，不符合 设计中覆土厚度设计标准 规定，先通知你方，要求： 　　增加覆土厚度至设计标准，为植被生长提供良好条件。   　　　　　　　　　　监理单位（公章）：＿＿＿＿＿＿＿＿＿ 　　　　　总/专业监理工程师（签字）：＿＿＿＿×××＿＿＿ 　　　　　　　　　　　　日期：＿××＿年＿××＿月＿××＿日

注：本表一式三份，项目监理单位一份，施工单位一份，建设单位一份。

9.19 工程款／进度款支付证书填写范例

工程款／进度款支付证书

工程名称： ＿＿×××矿山生态环境综合治理项目＿＿ 编号：＿×× ＿

致：＿＿＿×××自然资源和规划局＿＿＿＿（建设单位）

根据施工合同的约定，经审核施工单位的付款申请和报表，并扣除有关款项，同意本期支付工程款/进度款共（大写）壹万贰仟伍佰捌拾叁元叁角陆分（小写）12583.36 元，请按合同约定及时付款。

其中：

1. 施工单位申请款为：12583.36 元

2. 经审核施工单位应得款为：12583.36 元

3. 本期应扣款为：0 元

4. 本期应付款为：12583.36 元

附件：

1. 施工单位的工程付款申请表及附件

2. 项目监理机构审查记录

专业监理工程师（签字）：＿＿＿×××＿＿＿

日期：＿××＿年＿××＿月＿××＿日

审核意见：

同意

监理单位（公章）：＿＿＿＿＿＿＿＿＿

总监理工程师（签字）：＿＿＿×××＿＿

日期：＿××＿年＿××＿月＿××＿日

注：本表一式三份，项目监理单位一份，施工单位一份，建设单位一份。

9.20　费用索赔审批表填写范例

费用索赔审批表

工程名称：　　×××矿山生态环境综合治理项目　　　　　　　编号：　××

致：　　　　×××工程有限公司　　　　（施工单位）
根据施工合同条款　××　条的规定，你方提出的费用索赔申请（第××号），索赔金额（大写）　壹万贰仟伍佰捌拾叁元叁角陆分　。经我方审核评估： 　　□不同意此项索赔。 　　☑同意此项索赔，金额为（大写）：　壹万贰仟伍佰捌拾叁元叁角陆分　。 同意/不同意索赔的理由： 　　费用索赔的情况属实，所以同意索赔。   索赔金额的计算： 　　索赔费用为工程变更增加的合同外的施工项目的费用。   　　　　　　　　　　　　监理单位（公章）：＿＿＿＿＿＿＿＿＿ 　　　　　　　　　　　总监理工程师（签字）：＿＿＿×××＿＿＿ 　　　　　　　　　　　　　　日期：＿××＿年＿××＿月＿××＿日

注：本表一式三份，项目监理单位一份，施工单位一份，建设单位一份。

9.21 监理资料移交书填写范例

监理资料移交书

工程名称： ×××矿山生态环境综合治理项目 　　　　编号： ××

致： ×××自然资源和规划局 （建设单位）

　　 ×××矿山生态环境综合治理 项目监理资料，经我单位自查验收，符合有关规定，现移交给贵方，请予以审查、接收。共计 三 册。

附件：

　　1. 监理资料移交目录

　　2. 监理资料整理归档文件

监理单位（公章）：　　　　　　　　建设单位（公章）：

法定代表人（签字）： ×××　　　　法定代表人（签字）： ×××

总监理工程师（签字）： ×××　　　技术负责人（签字）： ×××

移交人（签字）： ×××　　　　　　接收人（签字）： ×××

　　　　　　　　　　　移交日期： ×× 年 ×× 月 ×× 日

参 考 文 献

[1]河北省地质矿产勘查开发局.矿山地质环境恢复治理工程资料管理规程：DB 13/T 5817—2023[S].石家庄：河北省地质矿产勘查开发局第六地质大队，2023.

[2]郑有.水泥稳定碎石基层施工技术与监理细则[J].民营科技，2016（3）：143.

[3]汪达，汪丹.亭子口水利枢纽工程环保监理细则编制与实施[J].水利发电，2014，40（9）：15-16.

[4]李兴志.油田地面工程建设项目监理细则的编制与实施[J].建设监理，2014（4）：3.

[5]赵永红.监理人员在混凝土工程施工中实施的监理细则要点[J].中小企业管理与科技，2013（8）：131-132.

[6]孔荣森.工程监理制度与建设工程项目全过程管理[J].中国建筑装饰装修，2022（3）：157-158.

[7]车钢.建筑工程监理制度及对施工技术的管理[J].科技创新与应用，2018（28）：189-190.